孩子必须知道的药用植物

罗 容 著

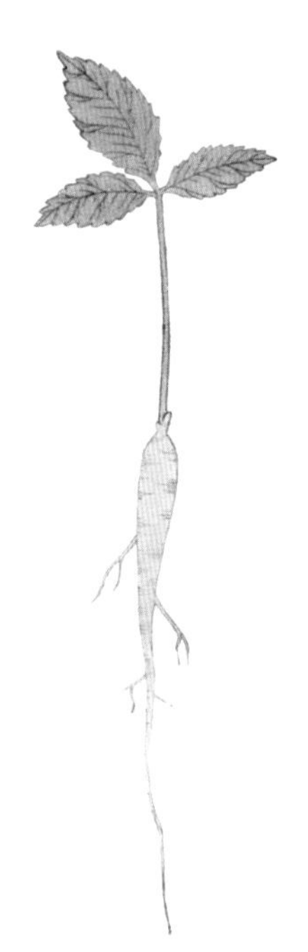

中国画报出版社 · 北京

图书在版编目（CIP）数据

孩子必须知道的药用植物 / 罗容著 . -- 北京 : 中国画报出版社 , 2021.1
ISBN 978-7-5146-1987-4

Ⅰ . ①孩… Ⅱ . ①罗… Ⅲ . ①药用植物 – 青少年读物
Ⅳ . ① S567-49

中国版本图书馆 CIP 数据核字 (2020) 第 257481 号

孩子必须知道的药用植物
罗容 著

出 版 人：于九涛
责任编辑：李聚慧
图片摄影：秦亚龙
封面设计：雨之草木
责任印制：焦　洋
营销主管：穆　爽

出版发行：中国画报出版社
地　　址：中国北京市海淀区车公庄西路 33 号
邮　　编：100048
发 行 部：010-68469781　010-68414683（传真）
总编室兼传真：010-88417359　版权部：010-88417359

开　　本：16 开（710mm × 1000mm）
印　　张：14.5
字　　数：120 千字
版　　次：2021 年 1 月第 1 版　2021 年 1 月第 1 次印刷
印　　刷：北京汇瑞嘉合文化发展有限公司
书　　号：ISBN 978-7-5146-1987-4
定　　价：58.00 元

感谢石敬依、蔡文君提供文字资料，王淑安、刘兴剑、陆耕宇、袁颖、王瑞阳提供图片资料。

目录

草部

谷部

菜部

果部

木部

草部

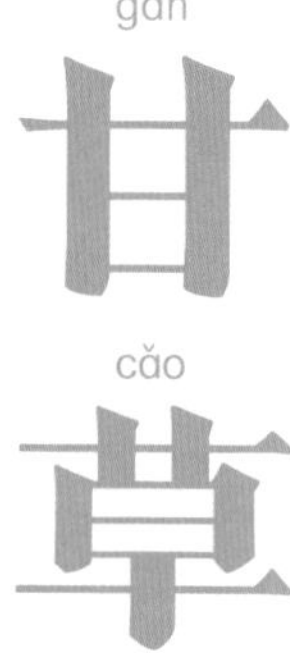

gān cǎo
甘草

植物认知

甘草的地下根与根状茎都比较粗壮，外皮是褐色的，里面是淡黄色的，有甜味。地上茎是直立的，有许多分枝，有白色或褐色的茸毛。叶子两面都有白色短柔毛，一般是卵形、长卵形或近圆形，上面暗绿色，下面绿色。甘草的花萼呈筒状，花冠是紫色、白色或黄色的。果实弯曲呈镰刀或环状，集在一起，看上去就像一个小球。甘草的种子是暗绿色的，有的呈圆形，也有像人体肾的形状，其花期一般在 6—8 月，果期在 7—10 月。

药用知识

甘草干燥的根和根状茎都可以作为中药使用。甘草味甘，性平，具有补脾益气、清热解毒、祛痰止咳、缓急止痛，以及调和诸药的作用。但是有一点切记，甘草千万不可与海藻、京大戟、红大戟、甘遂、芫花同用，若同用则会有中毒危险。

何处觅踪

产于我国东北、华北、西北各省市区及山东。蒙古国及俄罗斯西伯利亚地区也有。常生于干旱沙地、河岸砂质地、山坡草地及盐渍化土壤中。

植物认知

黄芪主根肥厚，常分枝，为灰白色。茎直立，上部多分枝，有细棱和白色柔毛。叶呈椭圆形或长圆状卵形，上面是绿色的且近乎无毛，下面有白色柔毛。花萼呈钟状，花冠是黄色或淡黄色的。果皮薄，半透明。果实呈半椭圆形，稍膨胀。种子有3—8颗。花期一般在6—8月，果期在7—9月。

药用知识

黄芪干燥的根可以作为中药使用。黄芪味甘，性微温，具有补气升阳、固表止汗、利水消肿、生津养血、行滞通痹、托毒排脓、敛疮生肌的作用。

何处觅踪

产于我国东北、华北及西北。生于树林边缘、灌丛或疏林下，也见于山坡草地或草甸中，全国各地多有栽培。俄罗斯也有分布。

植物认知

人参地下的根状茎也称芦头，人工短期栽培的芦头较短，直立或斜上。主根肥大，呈纺锤形或圆柱形，常有分叉，形似人的头、手、足，故称人参。地上茎单生，高 30—60 厘米，有纵纹，无毛。幼株的叶数较少，随着生长年限的增加，叶的数量也随之增加，最多可达 6 枚复叶，每枚复叶上有 5 片小叶。花是淡黄绿色的。果实呈扁球形，是鲜红色的。种子呈肾形，是乳白色的。

药用知识

人参干燥的根和根茎可以作为中药使用。人参味甘、微苦，性微温，具有大补元气、复脉固脱、补脾益肺、生津养血、安神益智的作用。但不可与藜芦、五灵脂同用，否则会引起不适，甚至有中毒危险。

何处觅踪

分布于辽宁东部、吉林东半部和黑龙江东部，生于海拔数百米的落叶阔叶林或针叶阔叶混交林下。现吉林、辽宁栽培甚多。俄罗斯、朝鲜也有分布。

桔梗

植物认知

茎高 20—120 厘米，不分枝，极少数上部分枝。叶片呈卵形、卵状椭圆形至披针形，上面是绿色的且无毛，下面无毛却有白粉，叶边缘呈细锯齿状。桔梗花的花萼筒部呈半圆球状或圆球状倒锥形，上面有白粉。花冠大，为蓝色或紫色。果实有的呈球状，有的呈球状倒圆锥形，还有的呈倒卵状。花期一般在 7—9 月。桔梗花也是一种观赏性花卉。

药用知识

桔梗的干燥根可以作为中药使用。桔梗味苦、辛，性平，具有宣肺、利咽、祛痰、排脓的作用。新鲜的桔梗根也可作为蔬菜食用，常做成风味咸菜。桔梗咸菜是朝鲜族著名的特色食品之一。

何处觅踪

产于我国东北、华北、华东、华中各省市区以及广东、广西（北部）、贵州、云南东南部（蒙自、砚山、文山）、四川（平武、凉山以东）、陕西。朝鲜、日本、俄罗斯的远东和东西伯利亚地区的南部也有。生于海拔 2000 米以下的阳处草丛、灌丛中，少数生于林下。

植物认知

肉苁蓉地上部分较高大，有 40—160 厘米。茎不分枝或从基部分 2—4 枝，由下向上直径逐渐变细。叶呈宽卵形或三角状卵形，两面无毛。花萼呈钟状，花冠呈筒状钟形，边缘常常稍微外卷，为淡黄白色或淡紫色，干后会变成棕褐色。果实呈卵球形，种子呈椭圆形或近卵形。花期一般在 5—6 月，果期在 6—8 月。

药用知识

肉苁蓉的干燥带鳞叶的肉质茎可以作为中药。肉苁蓉味甘、咸，性温，具有补肾阳、益精血、通肠润便的作用。

何处觅踪

产于内蒙古、宁夏、甘肃及新疆。肉苁蓉是一种寄生在沙漠树木梭梭根部的寄生植物，从梭梭寄主中吸取养分及水分。

草
部

白头翁

植物认知

白头翁植株一般高 15—35 厘米。根状茎比较粗。叶片呈宽卵形，边缘裂开成三部分，表面无毛，背面有长柔毛，叶柄有密密的长柔毛。花的萼片是蓝紫色的，呈长圆状卵形，背面有密集的柔毛。果实大的直径 9—12 厘米，小的 3.5—4 毫米，呈纺锤形，有长柔毛。一般 4—5 月开花。

药用知识

白头翁的干燥根可以作为中药使用。白头翁味苦，性寒，具有清热解毒、凉血止痢的作用。

何处觅踪

分布于我国四川（宝兴，海拔 3200 米）、湖北北部、江苏、安徽、河南、甘肃南部、陕西、山西、山东、河北（海拔 200—1900 米）、内蒙古、辽宁、吉林、黑龙江。生于平原和低山山坡草丛中、林边或干旱多石的坡地。朝鲜和俄罗斯远东地区也有分布。

三七

sān qī

植物认知

三七主根呈纺锤形，茎是暗绿色的，光滑无毛，有纵向粗条纹。叶片薄，呈长椭圆形、倒卵形或者介于两种形状之间。三七的花梗长1—2厘米，覆盖着柔毛。花萼呈杯形，稍扁。花小，有五瓣，是淡黄绿色的。果实平面看呈肾形，立体看为扁球形，成熟后是鲜红色的，内有种子2粒。花期一般在7—8月，果期在8—10月。

药用知识

三七的干燥根和根茎可以作为中药使用。三七味甘、微苦，性温，具有散瘀止血、消肿定痛的作用。孕妇慎用。

何处觅踪

栽培于云南和广西。种植于海拔400—1800米的森林下或山坡上的人工荫棚下。

植物认知

黄连根状茎为黄色，常有分枝，密集生长着多数须根。叶有长柄，叶片稍厚且较为强韧，呈卵状三角形，裂成三部分，中央裂片呈卵状菱形，边缘有锐锯齿。花萼是黄绿色的，呈长椭圆状卵形。花瓣呈线形或线状披针形。果实很小，长6—8毫米。花期一般在2—3月，果期在4—6月。

药用知识

黄连的干燥根茎可以作为中药使用。黄连味苦，性寒，具有清热燥湿、泻火解毒的作用。

何处觅踪

分布于四川、贵州、湖南、湖北、陕西南部。生于海拔500—2000米间的山地林中或山谷阴处。

植物认知

龙胆根茎在地下平卧或直立，须根粗壮。花枝直立单生，为黄绿色或紫红色，中空，近圆形，有长条形的棱。花枝下部叶片薄而半透明，是淡紫红色的，呈鳞片形。花萼筒呈倒锥状筒形或宽筒形。花冠是蓝紫色的，呈筒状钟形。果实藏于花内，呈宽椭圆形。花果期一般在5—11月。

药用知识

龙胆的干燥根和根茎可以作为中药。龙胆味苦，性寒，具有清热燥湿、泻肝胆火的作用。

何处觅踪

产于内蒙古、黑龙江、吉林、辽宁、贵州、陕西、湖北、湖南、安徽、江苏、浙江、福建、广东、广西。生于海拔400—1700米的山坡草地、路边、河滩、灌丛中、林缘及林下、草甸。俄罗斯、朝鲜、日本也有分布。

草 部

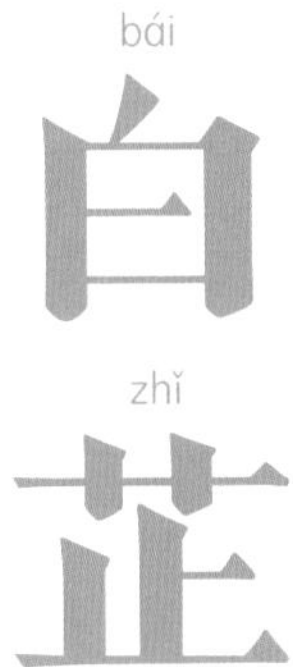

白芷

植物认知

白芷根呈圆柱形，有分枝，外表皮为黄褐色至褐色，有浓烈气味。白芷地上部分高大。茎中空，有纵长沟纹。叶片轮廓呈卵形至三角形。花瓣是白色的，呈倒卵形，顶端内曲呈凹头状。果实呈长圆形至卵圆形，是黄棕色的，有时带紫色，无毛，有呈扁形的背棱。背棱厚而钝圆，侧棱向两端延伸呈翅状。花期一般在 7—8 月，果期在 8—9 月。

药用知识

白芷的干燥根可以作为中药使用。白芷味辛，性温，具有解表散寒、祛风止痛、宣通鼻窍、燥湿止带、消肿排脓的作用。

何处觅踪

产于我国东北及华北地区。常生长于林下、林缘、溪旁、灌丛及山谷草地。目前国内北方各地多有栽培供药用。

植物认知

芍药的根肥厚多汁、粗壮，呈纺锤形或长柱形，有分枝，表面为黑褐色。茎无毛。叶的末端由 3 片小叶组成一束叶。小叶有椭圆形、狭卵形、被针形等，叶面为黄绿色、绿色或深绿色等，叶背多为粉绿色。芍药的花生于茎顶和叶腋，有时仅顶端一朵开放，花瓣呈倒卵形。野生的原种花是白色的，有 5—13 枚花瓣。园艺品种花色丰富，有白、粉、红、紫、黄、绿、黑和复色等，花瓣可达上百枚。花期一般在 5—6 月，果期在 8 月。

药用知识

芍药的干燥根用作中药，称为白芍。白芍味苦、酸，性微寒，具有养血调经、敛阴止汗、柔肝止痛、平抑肝阳的作用。白芍不宜与藜芦同用，会引起不适，甚至有中毒危险。

何处觅踪

分布于我国东北、华北、陕西及甘肃南部。在东北，分布于海拔 480—700 米的山坡草地及林下；在其他各地分布于海拔 1000—2300 米的山坡草地。我国四川、贵州、安徽、山东、浙江等省及各城市公园也有栽培。朝鲜、日本、蒙古国等国家也有分布。

草 部

植物认知

牡丹茎高达 2 米，分枝短而粗。叶片表面是绿色的，无毛；背面是淡绿色的，有时叶背上有白粉。花单生于枝顶，萼片为绿色，呈宽卵形，大小不等。花瓣有 5 枚，或为重瓣[1]，为玫瑰色、红紫色、粉红色乃至白色，通常花瓣数量和颜色变异很大。花瓣呈倒卵形，顶端呈不规则的波状。果实呈长圆形，有黄褐色硬毛。花期一般在 5 月，果期在 6 月。牡丹花色泽艳丽，富丽堂皇，素有“花中之王”的美誉。在栽培类型中，主要根据花的颜色，可分成上百个品种，以黄、绿、肉红、深红、银红为上品，尤其黄、绿为贵。牡丹花大而香，有“国色天香”之称。

药用知识

牡丹的干燥根皮可以作为中药使用，称为牡丹皮。牡丹皮味苦、辛，性微寒，具有清热凉血、活血化瘀的作用。孕妇须慎用。

何处觅踪

目前全国栽培甚广，并早已引种至国外。

1　重瓣，指花瓣不止一层、有多层。——作者注

植物认知

月季的地上部分高 1—2 米。小枝粗壮，呈圆柱形，大部分有短粗的钩状皮刺。叶片呈宽卵形至卵状长圆形，基部呈近圆形或宽楔形，边缘有锐锯齿，两面基本无毛，上面为暗绿色，常带光泽，下面颜色较浅。月季花通常几朵集生，少数单生。萼片呈卵形，先端逐渐变窄变尖。花瓣大多为重瓣，为红色、粉红色乃至白色、黄色，呈倒卵形，先端有凹缺。花期一般在 4—9 月，果期在 6—11 月。

药用知识

月季的干燥花蕾可以作为中药使用。月季花味甘，性温，具有活血调经、疏肝解郁的作用。

何处觅踪

原产于中国，全国各地普遍栽培。园艺品种很多。

植物认知

射干的地下根状茎呈不规则的块状，是黄色或黄褐色的，有许多黄色须根。它的茎高 1—1.5 米，是实心的。叶片呈剑形。靠近根的部位逐渐环抱着茎，呈鞘状，向上逐渐展开，变尖。射干每杈分枝的顶端聚生有数朵花，花为橙红色，散生着紫褐色的斑点。它的果实呈倒卵形或长椭圆形，成熟时开裂，果瓣外翻。射干的种子呈圆球形，是黑紫色的，有光泽。花期一般在 6—8 月，果期在 7—9 月。

药用知识

射干的干燥根茎可以作为中药。射干味苦，性寒，具有清热解毒、消痰利咽的作用。

何处觅踪

产于吉林、辽宁、河北、山西、山东、河南、安徽、江苏、浙江、福建、台湾、湖北、湖南、江西、广东、广西、陕西、甘肃、四川、贵州、云南、西藏。生于林缘或山坡草地，大部分生于海拔较低的地方，但在西南山区，海拔 2000—2200 米处也可生长。朝鲜、日本、印度、越南、俄罗斯等地也有分布。

知母

植物认知

知母根状茎较粗，外面被叶鞘所覆盖。叶片向先端渐尖，基部渐宽而成鞘状，有多条平行脉，没有明显的中脉。花葶比叶长得多。花为粉红色、淡紫色至白色。果实呈狭椭圆形。花果期在6—9月。

药用知识

干燥根状茎入药称为知母。味苦、甘，性寒，具有清热泻火、滋阴润燥的作用。

何处觅踪

主产于河北、山西、山东、陕西北部、甘肃东部、内蒙古南部、辽宁西南部、吉林西部和黑龙江南部。生于海拔1450米以下的山坡、草地或路旁较干燥或向阳的地方。朝鲜也有分布。

植物认知

菊的地上部分高60—150厘米。茎直立，茎上有柔毛。叶呈卵形至披针形，有短柄，叶下面有一层白色短柔毛。许多无柄小花密集生于一个花托上，形成如头的花序，称头状花序，这是菊科的特征。外形酷似一朵大花，实际上是由多朵花组成的花序，大小不一。舌状花颜色各异，管状花多为黄色。菊花品种很多，花和叶的变异很大。菊花品种上千，是我国花卉中品种最多的一种花。菊花按照不同的使用目的可分为观赏类菊花和药用类菊花。

药用知识

菊的干燥头状花序可以作为中药使用，称为菊花。根据产地和加工方法不同分为“亳菊”“滁菊”“杭菊”“怀菊”。菊花味甘、苦，性微寒，具有散风清热、平肝明目、清热解毒的作用。

何处觅踪

菊花遍布中国各城镇与乡村。8世纪前后，作为观赏的菊花由中国传至日本，被推崇作为日本国徽的图样。17世纪传入欧洲，18世纪传入法国，19世纪中期引入北美。此后，原产自中国的菊花遍及全球。

yě jú
野菊

植物认知

野菊的地上部分高 25—100 厘米，地下有匍匐茎。茎有分枝。茎枝上有稀疏的毛，上部的毛较多。靠近茎下部的叶片在花期会脱落。中部茎叶有的呈卵形，有的呈长卵形，还有的呈椭圆状卵形。叶子边缘分裂，有浅浅的锯齿，两面都是淡绿色的，有稀疏的毛。和菊花一样有头状花序，但是比菊花的小。有一轮舌状花，是黄色的；多数是管状花，是深黄色的。花期一般在 6—11 月。

药用知识

野菊的干燥头状花序可以作为中药使用，称为野菊花。野菊花味苦、辛，性微寒，具有清热解毒、泻火平肝的作用。

何处觅踪

广泛分布于东北、华北、华中、华南及西南各地。生于山坡草地、灌丛、河边水湿地、滨海盐渍地、田边及路旁。印度、日本、朝鲜、俄罗斯也有分布。

28

草部

植物认知

鸡冠花的叶片有的呈卵形，有的呈卵状披针形或披针形。许多花密集生长，形成扁平形的鸡冠状、卷冠状或羽毛状。一个大花序下面有许多较小的分枝。花有红色的、紫色的、黄色的、橙色的，或红色黄色相间的。种子呈扁圆形，像人体肾的形状。种子颜色是黑色的，有光泽。花果期一般在7—9月。

药用知识

鸡冠花的干燥花序可以用作中药。味甘、涩，性凉，具有收敛止血、止带、止痢的作用。

何处觅踪

我国南北各地均有栽培，广泛分布于温暖地区。

lú 芦 wěi 苇

植物认知

芦苇的地下根状茎十分发达。秆直立，高 1—3 米，有 20 多节，基部和上部的节间较短，最长节间位于下部第 4—6 节，有叶鞘和叶舌。芦苇的叶片呈披针状线形，没有毛，顶端很长，一点点变尖，有大型圆锥状花序。芦苇是禾本科植物，有叶鞘和叶舌。[1] 我们吃的粮食如小麦、稻米、玉米、大麦等也都属于禾本科植物。

药用知识

芦苇的新鲜或干燥根茎可以用作中药，称为芦根。芦根味甘、涩，性凉，具有清热泻火、生津止渴、除烦、止呕、利尿的作用。

何处觅踪

产于全国各地。生于江河湖泽、池塘沟渠沿岸和低湿地。芦苇具有很强的繁殖能力，各种有水源的空旷地带，常形成连片的芦苇群落。

1 叶鞘是植物叶的基部扩大的、包围着茎的部分，叶舌是叶片与叶鞘交界处内侧的膜状凸起的部分。叶鞘和叶舌是禾本科植物的特征之一。

gān jiāo

甘蕉

植物认知

甘蕉也称芭蕉，植株高 2.5—4 米。叶片呈长圆形，叶片的基部呈圆形或者不对称，叶面为鲜绿色，有光泽。它的叶柄粗壮，长达 30 厘米。花序顶生下垂。花瓣接近于唇形，上唇较长，下唇较短。果实呈三棱状长圆形，肉质，里面有多个种子。种子为黑色，有突起及不规则棱角。

药用知识

芭蕉一身是宝，可以作为多种中药，常见的有芭蕉根、芭蕉花、芭蕉叶、芭蕉油和芭蕉子。芭蕉根味甘，性寒凉，具有清热、止渴、利尿、解毒的作用。

何处觅踪

原产于琉球群岛。台湾可能有野生。秦岭淮河以南可以露地栽培，多栽培于庭园及农舍附近。

草麻黄

植物认知

草麻黄地上的质地较为柔软的茎，称为草质茎，短，呈匍匐状，此部分茎表面有细纵槽纹。叶裂成两部分，裂片像一个锐三角形。花成熟时肥厚多汁，为红色。种子通常是 2 粒，为黑红色或灰褐色，表面有细皱纹。花期一般在 5—6 月。种子在 8—9 月成熟。

药用知识

草麻黄的干燥草质茎可以作为中药，称为麻黄。干燥的根和根茎也可以作为中药，称为麻黄根。麻黄味辛、微苦，性温，具有发汗解毒、宣肺平喘、利水消肿的作用；麻黄根味甘、涩，性平，具有固表止汗的作用。

何处觅踪

产于辽宁、吉林、内蒙古、河北、山西、河南西北部及陕西等地区。适应性强，常见于山坡、平原、干燥荒地、河床及草原等处。蒙古国也有分布。

草
部

植物认知

灯芯草地上部分高 27—91 厘米，有时更高。地下根状茎粗壮，横向生长，须根稍粗，是黄褐色的。直立茎丛生，呈圆柱型，为淡绿色，有纵条纹，茎内充满白色的髓心。叶片呈鞘状或鳞片状，包围在茎的基部，基部为红褐色至黑褐色。花是淡绿色的，果实呈长圆形或卵形，顶端为黄褐色。花期一般在 4—7 月，果期在 6—9 月。

药用知识

灯芯草的干燥茎髓可以用作中药。灯芯草味甘、淡，性微寒，具有清心火、利小便的作用。

何处觅踪

产于黑龙江、吉林、辽宁、河北、陕西、甘肃、山东、江苏、安徽、浙江、江西、福建、台湾、河南、湖北、湖南、广东、广西、四川、贵州、云南、西藏。生于海拔 1650—3400 米的河边、池旁、水沟、稻田旁、草地及沼泽湿处。全世界温暖地区均有分布。

植物认知

地黄的地上部分可以看到很密集的灰白色毛。地下根茎肥厚多汁，新鲜时为黄色。在栽培条件下，地下肉质根茎的直径可达 5.5 厘米，地上茎是紫红色的。叶子通常在茎基部聚集生长成像莲座的形状，叶片呈卵形至长椭圆形，上面为绿色，下面略带紫色或为紫红色，边缘有不规则圆齿或钝锯齿。花瓣呈筒状，内面为黄紫色，外面为紫红色，两面都有毛。花果期一般在 4—7 月。

药用知识

栽培的地黄其新鲜或干燥块根可以作为中药。鲜地黄味甘、苦，性寒，具有清热生津、凉血、止血的作用。生地黄味甘，性寒，具有清热凉血、养阴生津的作用。生地黄的炮制加工品称为熟地黄，熟地黄味甘，性微温，具有补血滋阴、益精填髓的作用。

何处觅踪

分布于辽宁、河北、河南、山东、山西、陕西、甘肃、内蒙古、江苏、湖北等省区。生于海拔 50—1100 米的砂质壤土、荒山坡、山脚、墙边、路旁等处。此外，国内其他各地及国外均有栽培。

掌叶大黄
zhǎng yè dà huáng

植物认知

掌叶大黄的地上部分高大粗壮，地下的根及根状茎比较粗壮。地上茎直立中空。叶片长宽近相等，通常裂开一半，裂开部分呈 5 片，有点儿像手掌。叶片上面粗糙有毛，下面及边缘也密集生长着短毛。叶柄呈圆柱状，比较粗壮。花比较小，通常为紫红色，有时为黄白色，聚集成大型圆锥形花序。果实形状从矩圆状椭圆形到矩圆形都有，两端均向下凹。花期一般在 6 月，果期在 8 月。

药用知识

掌叶大黄的干燥根和根茎可以作为中药，称为大黄。大黄味苦，性寒，具有泻下攻积、清热泻火、凉血解毒、逐瘀通经、利湿退黄的作用。孕妇及月经期、哺乳期女性慎用。

何处觅踪

分布于甘肃、四川、青海、云南西北部及西藏东部等省区。生于海拔 1500—4400 米的山坡或山谷湿地。

dàn zhú yè
淡竹叶

植物认知

淡竹叶的地下须根中部膨大，小块根呈纺锤形。秆直立，高 40—80 厘米。叶鞘平滑或外侧边缘有纤毛。叶舌为褐色，背面有糙毛。叶片呈披针形，有时上面长有柔毛或小刺毛，基部收窄成柄状。果实呈长椭圆形。花果期一般在 6—10 月。

药用知识

淡竹叶的干燥茎叶可以作为中药。淡竹叶味甘、淡，性寒，具有清热泻火、除烦止渴、利尿通淋的作用。

何处觅踪

产于江苏、安徽、浙江、江西、福建、台湾、湖南、广东、广西、四川、云南。生于山坡、林地或林缘、道旁蔽荫处。印度、斯里兰卡、缅甸、马来西亚、印度尼西亚、新几内亚岛及日本均有分布。

草部

植物认知

酸浆基部常匍匐生根。地上茎很少有分枝或者不分枝，茎节膨大有柔毛，幼茎的柔毛更密。酸浆的叶子呈长卵形到阔卵形，还有的呈菱状卵形，顶端渐尖，叶的边缘有不整齐的粗锯齿，两面长有柔毛。花瓣是白色的。果萼是橙色或火红色的，有柔毛，顶端闭合，基部凹陷，常被误认为果实。果实被包裹在果萼中，呈球状，为橙红色，柔软多汁，就是我们常说的“菇茑”“姑娘儿”，是一种营养较丰富的水果。花期一般在5—9月，果期在6—10月。

药用知识

酸浆的萼片一般不脱落，即使在果实成熟的时候仍然存在，称为宿萼。酸浆的干燥宿萼或带果实的宿萼可以作为中药，称为锦灯笼。锦灯笼味苦，性寒，具有清热解毒、利咽化痰、利尿通淋的作用。

何处觅踪

分布于欧亚大陆。在我国，产于甘肃、陕西、河南、湖北、四川、贵州和云南。常生长于空旷地或山坡。

bài jiàng
败酱

植物认知

败酱的地下根状茎横卧或斜生，大多是细根。茎直立，为黄绿色至黄棕色，有时带淡紫色。基生叶[1]呈卵形、椭圆形或椭圆状披针形，边缘有粗锯齿，上面为暗绿色，背面为淡绿色，开花时基生叶枯落。茎生叶[2]为宽卵形至披针形。花很小，组成大型伞房花序。花瓣是黄色的，整体花瓣呈钟形，花瓣裂片呈卵形。果实呈长圆形，有3条棱。花期一般在7—9月。

药用知识

败酱的干燥全草、根茎及根都可以用作中药。败酱味苦，性平，具有清热解毒、排脓破瘀的作用。

何处觅踪

分布很广，除宁夏、青海、新疆、西藏、广东和海南岛外，我国其他各地均有分布。常生于高海拔的山坡林下、林缘和灌丛中，以及路边、田埂边的草丛中。俄罗斯、蒙古国、朝鲜和日本也有分布。

---

1 基生叶指有些植物的茎极为短缩，节间不明显，其叶恰如从根上生出而呈莲座状。

2 茎生叶一般针对基生叶来说，基生叶是叶自地表基部生出呈莲座状。茎生叶是指在地上部分的茎上生长的叶。

款冬

植物认知

款冬的地下根状茎横生，是褐色的。基生叶呈卵形或三角状心形。后生出的基生叶呈阔心形，叶片边缘有波状，下面密集地长着白色茸毛，叶柄有白色棉毛。头状花序单独生于茎的顶端。舌状花冠是黄色的。管状花冠的顶端分 5 裂。果实呈圆柱形。

药用知识

款冬的干燥花蕾可以用作中药，称为款冬花。款冬花味辛、微苦，性温，具有润肺下气、止咳化痰的作用。

何处觅踪

产于东北、华北、华东、西北和湖北、湖南、江西、贵州、云南、西藏。常生于山谷湿地或林下。印度、伊朗、巴基斯坦、俄罗斯、西欧和北非也有分布。

植物认知

决明的地上部分直立粗壮，高 1—2 米。它的叶子由许多小叶片组成，为膜质，呈倒卵形或倒卵状长椭圆形，上面长着稀疏柔毛，下面也长着柔毛。花通常是两朵长在一起，花瓣是黄色的，下面两片略长。果实纤细，近四棱形，两端渐尖，为膜质。花果期一般在 8—11 月。

药用知识

决明的干燥成熟种子可以用作中药，称为决明子。决明子味甘、苦、咸，性微寒，具有清热明目、润肠通便的作用。

何处觅踪

普遍分布于我国长江以南各地。生于山坡、旷野及河滩沙地上。原产自美洲热带地区，现全世界热带、亚热带地区广泛分布。

chē qián
车前

植物认知

车前有许多须根，根茎稍粗又短。叶基生，地上茎极短，叶子好像是从根上长出来的一样，像一个莲座的样子。叶片为纸质，呈宽卵形至宽椭圆形，有的叶片边缘为波状，有的中部以下有锯齿，叶基部呈宽楔形或近圆形。很多小花长在一个轴上，形成的花序称为穗状花序。穗状花序呈细圆柱状，花萼片先端为钝圆或钝尖。车前的白色花冠没有毛，果实呈纺锤状卵形、卵球形或圆锥状卵形。花期一般在4—8月，果期在6—9月。

药用知识

车前的干燥全草和成熟种子可以作为中药使用，分别称为车前草和车前子。车前草味甘，性寒，具有清热、利尿通淋、祛痰、凉血、解毒的作用；车前子味甘，性寒，具有清热、利尿通淋、渗湿止泻、明目、祛痰的作用。

何处觅踪

产于中国多地。生于草地、沟边、河岸湿地、田边、路旁或村边空旷处，海拔3—3200米。朝鲜、俄罗斯、日本、尼泊尔、马来西亚、印度尼西亚也有分布。

连翘

lián qiáo

植物认知

连翘的枝为棕色、棕褐色或淡黄褐色，从远处看有向上向外开展的趋势，但有的枝条下垂。小枝为土黄色或灰褐色，略呈四棱形，节间中空，节部有实心髓。连翘的叶片呈卵形、宽卵形或椭圆状卵形至椭圆形，先端锐尖，基部呈圆形、宽楔形至楔形。花萼是绿色的，花冠是黄色的，果实呈卵球形、卵状椭圆形或长椭圆形。花期一般在 3—4 月，果期在 7—9 月。

药用知识

连翘的干燥果实可以作为中药使用。连翘味苦，性微寒，具有清热解毒、消肿散结、疏散风热的作用。

何处觅踪

产于河北、山西、陕西、山东、安徽西部、河南、湖北、四川。生于山坡灌丛、林下或草丛中，或山谷、山沟疏林中，海拔 250—2200 米。我国除华南地区外，其他各地均有栽培。日本也有栽培。

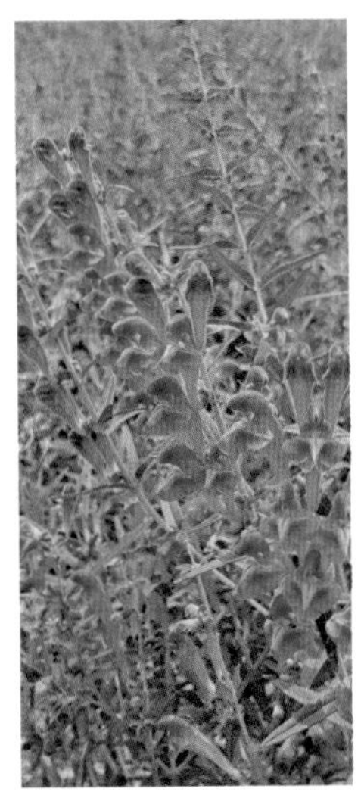

植物认知

黄芩的地下根为肉质，肥厚，伸长而分枝。茎基部呈钝四棱形，具有细条纹，茎自基部多分枝。叶片为坚硬纸质，呈披针形至线状披针形，顶端钝而基部圆形，上面为暗绿色，下面颜色较淡。花序生在茎及枝顶上。花萼外面密集生长着毛。花冠为紫、紫红至蓝色，外面有短柔毛。果实为黑褐色，较小，呈卵球形。花期一般在 7—8 月，果期在 8—9 月。

药用知识

黄芩的干燥根可以作为中药使用。黄芩味苦，性寒，具有清热燥湿、泻火解毒、止血、安胎的作用。

何处觅踪

产于黑龙江、辽宁、内蒙古、河北、河南、甘肃、陕西、山西、山东、四川等地。江苏也有栽培。生于向阳草坡地、休荒地上。俄罗斯、蒙古国、朝鲜、日本均有分布。

何首乌

hé shǒu wū

植物认知

何首乌地下根膨大成块状，称为块根。块根肥厚，呈长椭圆形，是黑褐色的。茎上部为草本，相互缠绕，有多分枝，有纵棱，无毛，微粗糙。茎下部木质化，即由草本转化为木本。叶子呈卵形或长卵形，顶端渐尖，两面粗糙。花序呈圆锥状，有细纵棱。花萼和花冠是白色或淡绿色的，呈椭圆形，大小不相等。果实呈卵形，有 3 条棱，是黑褐色的，有光泽。花期一般在 8—9 月，果期在 9—10 月。

药用知识

何首乌的干燥块根可以作为中药使用。何首乌味苦、甘、涩，性微温，具有解毒、消痈、截疟、润肠通便的作用。何首乌用黑豆炮制的加工品称制何首乌。制何首乌味苦、甘、涩，性微温，具有补肝肾、益精血、乌须发、强筋骨、化浊降脂的作用。

何处觅踪

产于陕西南部、甘肃南部、华东、华中、华南、四川、云南及贵州。生于山谷灌丛、山坡林下、沟边石隙，海拔 200—3000 米。日本也有分布。

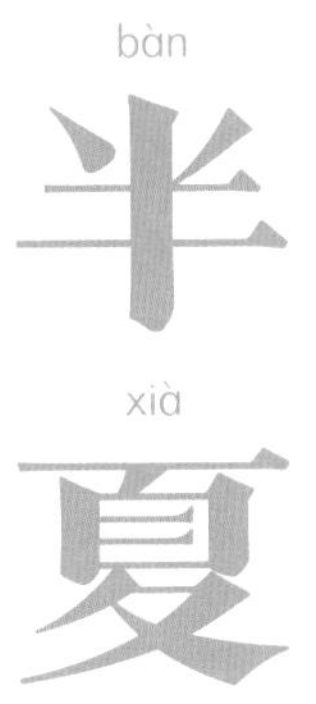

半夏

植物认知

半夏的地下茎膨大成为块茎。块茎是圆球形的，较小，有须根。叶片较少，2—5 枚，有时只有 1 枚。幼苗的叶片呈卵状心形至戟形，老株叶片是绿色的，呈长圆状椭圆形或披针形，两头锐尖。半夏属于天南星科植物，特点是具有佛焰苞[1]。佛焰苞内有肉穗花序[2]。果实呈卵圆形，是黄绿色的。花期一般在 5—7 月，果实在 8 月成熟。

药用知识

半夏的干燥块茎可以作为中药使用。半夏味辛，性温，有毒，具有燥湿化痰、降逆止呕、消痞散结的作用，但不可与川乌、制川乌、草乌、制草乌、附子同用。半夏经过炮制加工后可形成不同药品，不同的炮制方法生产出的半夏药品有法半夏、姜半夏和清半夏等。生半夏一般不可内服，有中毒的危险。

何处觅踪

除内蒙古、新疆、青海、西藏尚未发现野生的半夏外，全国各地广泛分布，海拔在 2500 米以下，常见于草坡、荒地、玉米地、田边或疏林下。朝鲜、日本也有分布。

1　佛焰苞是花序外面的一片形状特异的总苞片，呈佛焰状。

2　肉穗花序是指有一个肥厚肉质的轴，轴上长着许多小花。

植物认知

野葛是藤本植物，也就是一种茎细长、自身不能直立生长，必须依附他物而向上攀缘的植物。它全体长着黄色长硬毛，茎基部有粗厚的块状根。顶生叶片呈宽卵形。花萼呈钟形，有黄褐色柔毛，裂片呈披针形逐渐变尖。总状花序，中部以上有密集的花。蝶形花冠，是紫色的。果实呈长椭圆形，扁平，有褐色长硬毛。花期一般在 9—10 月，果期在 11—12 月。

药用知识

野葛的干燥根可以用作中药，称为葛根。葛根味甘、辛，性凉，具有解肌退热、生津止渴、透疹、升阳止泻、通经活络、解酒毒的作用。

何处觅踪

除新疆、青海及西藏外，几乎遍布全国。生于山地林中。东南亚至澳大利亚亦有分布。

草部

菟丝子

植物认知

菟丝子的茎缠绕，是黄色的，比较纤细，没有叶子。花萼呈杯状，中部以下连合，裂片呈三角状，顶端钝。花冠是白色的，呈壶形，花冠的裂片呈三角状卵形，顶端锐尖或钝，向外反折。菟丝的果实呈球形，非常小，几乎全被花冠包围。种子很多是淡褐色的，呈卵形，表面粗糙。

药用知识

菟丝子的干燥成熟种子可以作为中药使用。菟丝子味辛、甘，性平，具有补益肝肾、固精缩尿、安胎、明目、止泻，外用消风祛斑的作用。

何处觅踪

产于黑龙江、吉林、辽宁、河北、山西、陕西、宁夏、甘肃、内蒙古、新疆、山东、江苏、安徽、河南、浙江、福建、四川、云南等省区。生于海拔 200—3000 米的田边、山坡阳处、路边灌丛或海边沙丘。

覆盆子

植物认知

覆盆子的枝比较细，有刺无毛。叶片接近圆形，边缘裂成手掌的样子，裂片呈椭圆形或菱状卵形，顶端渐尖，边缘呈锯齿状。萼筒有较少的毛，萼片是卵形的或卵状长圆形的，顶端有凸尖头，外面有一层短柔毛。覆盆子的花瓣是白色的，形状呈椭圆形或卵状的长圆形，顶端圆钝，花期一般在 3—4 月。果实是红色的，接近球形，果期一般在 5—6 月。

药用知识

覆盆子的干燥果实可以作为中药使用，它味甘、酸，性温，具有补肾固精缩尿、养肝明目的作用。

何处觅踪

产于江苏、安徽、浙江、江西、福建、广西。可以在低海拔至中海拔地区生长。日本也有分布。

草
部

使君子

植物认知

使君子小枝有棕黄色的短柔毛。叶片薄且半透明，叶片呈卵形或椭圆形。使君子的表面没有毛，背面有时会长稀疏的棕色柔毛，幼时会长许多锈色的柔毛。花瓣有 5 枚，初为白色，后转为淡红色。使君子的果实呈卵形，短而尖，没有毛，有 5 条很明显的锐棱角。果实成熟时外面的果皮又脆又薄，为青黑色或栗色。花期一般为初夏，果期是秋末。

药用知识

使君子的干燥成熟果实可以作为中药使用，它味甘、性温，具有杀虫消积的作用。服用时忌饮浓茶。

何处觅踪

主产于福建、台湾、江西南部、湖南、广东、广西、四川、云南、贵州。印度、缅甸至菲律宾都有分布。

rěn dōng
忍冬

植物认知

忍冬的幼枝是红褐色或黄褐色的。叶片薄而柔韧，其形状变化比较大，从卵形到矩圆状卵形，有时呈卵状披针形，偶尔呈圆卵形或倒卵形。叶子上面是深绿色的，下面是淡绿色的。花冠是白色的，有时基部向阳面为微红色，后变黄色。果实成熟时是蓝黑色的，呈圆形，有光泽。种子呈褐色卵圆形或椭圆形。花期一般在 4—6 月，果期在 10—11 月。

药用知识

忍冬的干燥茎枝入中药叫忍冬藤，它的干燥花蕾或带初开的花入中药叫金银花。忍冬藤味甘、性寒，具有清热解毒、疏风通络的作用；金银花味甘、性寒，具有清热解毒、疏散风热的作用。

何处觅踪

除黑龙江、内蒙古、宁夏、青海、新疆、海南和西藏无自然生长外，全国各省市区都有分布。生于山坡灌丛或疏林中、乱石堆、山脚路旁及村庄篱笆边，海拔最高达 1500 米。日本和朝鲜也有分布。

石菖蒲

植物认知

石菖蒲的地下根茎有芳香，外部是淡褐色的，有多数须根。根茎上部分枝比较多。叶片比较薄，是暗绿色的，呈线形，基部对折，中部以上平展，靠近叶的前端逐渐变窄，平行脉多数，稍稍隆起。石菖蒲花轴为肥厚肉质，长着多数没有花柄的小花，整体呈圆柱状，上部逐渐变尖，直立或稍弯。花序外面有一片形状特异、呈佛焰状的大型总苞片。花是白色的。幼果是绿色的，但成熟时就变成了黄绿色或黄白色。花果期一般在 2—6 月。

药用知识

石菖蒲的干燥根茎可以作为中药使用。石菖蒲味辛、苦，性温，具有开窍豁痰、醒神益智、化湿开胃的作用。

何处觅踪

产于黄河以南各地。常见于海拔 20—2600 米的密林下，生长于湿地或溪旁石上。印度东北部至泰国北部也有分布。

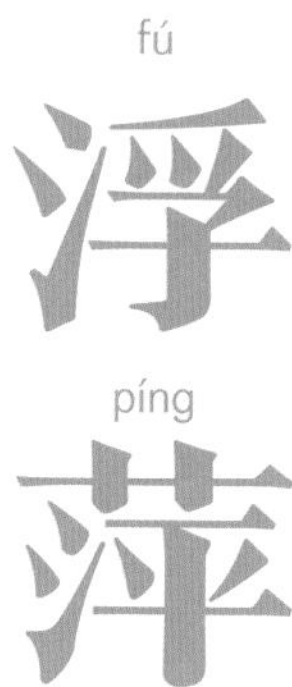

植物认知

浮萍属于漂浮植物，浮在水面、看似“叶”的部分称为叶状体，它没有真正意义上的根、茎和叶。叶状体对称，表面绿色，背面浅黄色、绿白色或常为紫色，近似圆形、倒卵形或倒卵状椭圆形。叶状体背面一侧有囊，新叶状体于囊内形成，浮出，以极短的细柄与母体相连，随后脱落。果实像一个陀螺。

药用知识

浮萍的干燥全草可以作为中药使用。浮萍味辛、性寒，具有宣散风热、透疹、利尿的作用。

何处觅踪

产于全国各地，生于水田、池沼或其他静水水域，密布于水面，繁殖非常快，通常在群落中占绝对优势。全球温暖地区广泛分布，但目前印度尼西亚、爪哇未见生长。

植物认知

费菜的根状茎短而直立，没有毛，不分枝。叶坚实，叶片呈狭窄的披针形、椭圆状披针形至卵状倒披针形，先端逐渐变尖，基部楔形，边缘有不整齐的锯齿。萼片肥厚多汁，先端钝。花朵是黄色的，每朵花有 5 枚花瓣，呈长圆形至椭圆状披针形。果实呈星芒状排列。种子呈椭圆形。花期一般在 6—7 月，果期在 8—9 月。

药用知识

费菜的干燥全草或根可以作为中药使用。费菜味酸、性平，具有活血、止血、宁心、利湿、消肿和解毒的作用。

何处觅踪

产于四川、湖北、江西、安徽、浙江、江苏、青海、宁夏、甘肃、内蒙古、宁夏、河南、山西、陕西、河北、山东、辽宁、吉林、黑龙江。俄罗斯乌拉尔至蒙古国、日本、朝鲜也有分布。

植物认知

丹参的根肥厚，外面是朱红色的，里面是白色的。茎直立呈四棱形，多分枝。叶片呈卵圆形、椭圆状卵圆形或宽披针形，前端锐尖或渐尖，叶片基部偏斜或呈圆形，边缘呈圆齿状，两面覆盖着稀疏的柔毛。花萼略带紫色，呈钟形，有长柔毛，内面中部密集覆盖着白色长硬毛。花冠是紫蓝色的。花冠呈对称的二唇形，即花冠上面由二裂片合生为上唇，下面三裂片结合构成下唇。花冠外部有短柔毛，尤以上唇为密，上唇呈镰刀状，下唇短于上唇。果实是黑色的，呈椭圆形。一般花期在 4—8 月，花后见果。

药用知识

丹参的干燥根或根茎可以作为中药使用。丹参味苦，性微寒，具有活血祛瘀、通经止痛、清心除烦、凉血消痈的作用。丹参入药不能与藜芦同用，同用有中毒危险。

何处觅踪

产于河北、山西、陕西、山东、河南、江苏、浙江、安徽、江西及湖南。生于山坡、林下草丛或溪谷旁，海拔 120—1300 米处。日本也有分布。

yuǎn zhì 远志

植物认知

远志的主根为浅黄色，粗壮，较长。茎多数丛生，直立或倾斜。叶片薄而柔韧，呈线形至线状披针形。萼片有 5 枚，外面 3 枚呈线状披针形，里面 2 枚花瓣状萼片呈倒卵形或长圆形，沿中脉区域为绿色，周围薄而半透明，带紫堇色。花瓣有 3 枚，是紫色的，有流苏状附属物。果实呈圆形，顶端微凹。种子较小，是黑色的，呈卵形，有白色柔毛。花果期一般在 5—9 月。

药用知识

远志的干燥根可以作为中药使用。远志味苦、辛，性温，具有安神益智、交通心肾、祛痰、消肿的作用。

何处觅踪

产于东北、华北、西北和华中以及四川。生于草原、山坡草地、灌丛中以及杂木林下。分布于朝鲜、蒙古国和俄罗斯。

苦参

植物认知

苦参的地上部分高大，茎有纹棱，幼时有柔毛，随着植株生长毛逐渐脱落。叶片薄而柔韧，形状多变，有椭圆形、卵形等，上面无毛，下面有灰白色短柔毛或近无毛。花萼呈钟状。花多数，呈总状花序，蝶形花冠是白色的或淡黄白色的。苦参的果实较长，隐约像一串珠子，成熟后开裂成 4 瓣，里面有 1—5 粒种子。花期一般在 6—8 月，果期在 7—10 月。

药用知识

苦参的干燥根可以作为中药使用。苦参味苦、性寒，具有清热燥湿、杀虫、利尿的作用，但是不能与藜芦同用，同用会有中毒危险。

何处觅踪

产于我国南北各地。生于山坡、沙地草坡灌木林中或田野附近，海拔 1500 米以下。印度、日本、朝鲜、俄罗斯西伯利亚地区也有分布。

quán 拳 shēn 参

植物认知

拳参的地下根状茎是黑褐色的，又肥又厚而且弯曲。它的茎直立，不分枝，没有毛。基生叶薄而柔韧，顶端逐渐变尖或突然变尖，基部呈截形或近心形，沿叶柄下延形成类似翅膀形状的构造，两面无毛或下面有短柔毛，边缘外卷，微呈波状。茎生叶呈披针形或线形，无叶柄。花小，呈穗状，是白色或淡红色的，花瓣和花萼片呈椭圆形。果实是褐色的，呈椭圆形，两端尖，有光泽。花期一般在 6—7 月，果期在 8—9 月。

药用知识

拳参的干燥根茎可以作为中药使用。拳参味苦、性平，具有利湿祛浊、祛风除痹的作用。

何处觅踪

产于东北、华北、陕西、宁夏、甘肃、山东、河南、江苏、浙江、江西、湖南、湖北、安徽。生长于山坡草地、山顶草甸，海拔 800—3000 米之处。日本、蒙古国、哈萨克斯坦、俄罗斯的西伯利亚和远东、欧洲也有分布。

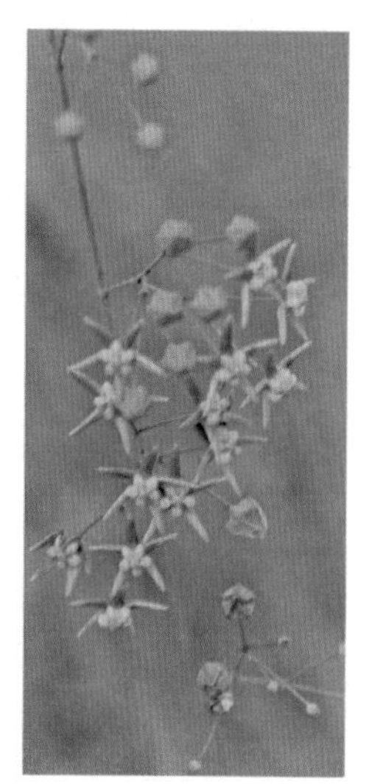

植物认知

徐长卿的地上部分比较高。根是须状的，有的多至 50 余条，每条都比较细。它的茎不分枝。叶片像纸一样柔韧较薄，呈披针形至线形，两端锐尖，两面无毛或有稀疏的柔毛。花 10 余朵，为圆锥状聚伞花序，花冠是黄绿色的。果实单个生长，呈披针形。种子呈长圆形，有白色绢质种毛。花期一般在 5—7 月，果期在 9—12 月。

药用知识

徐长卿的干燥根和根茎可以作为中药使用。徐长卿味辛、性温，具有祛风化湿、止痛止痒的作用。

何处觅踪

产于辽宁、内蒙古、山西、河北、河南、陕西、甘肃、四川、贵州、云南、山东、安徽、江苏、浙江、江西、湖北、湖南、广东和广西等省区。生长于向阳山坡及草丛中。日本和朝鲜也有分布。

草部

bò 薄 he 荷

植物认知

薄荷的茎是直立的。叶片呈长圆状披针形、椭圆形或卵状披针形，偶尔呈长圆形，基部呈楔形至近圆形，边缘有牙齿状锯齿，上面是绿色的。花萼呈管状钟形，外面有微柔毛，里面没有毛。薄荷的花小，但是数量多。花冠是淡紫色的，外面略有柔毛。薄荷的果实是黄褐色的，呈卵珠形。花期一般在 7—9 月，果期在 10 月。

药用知识

薄荷干燥的地上部分可以作为中药使用。薄荷味辛、性凉，具有疏散风热、清利头目、利咽、透疹、疏肝行气的作用。

何处觅踪

产于我国南北各地。生于水旁潮湿地，可在海拔高达 3500 米的地方生存。俄罗斯远东地区、朝鲜、日本及北美洲也有分布。

益母草

植物认知

益母草的地下主根上长着很多须根。茎直立，呈钝四棱形，有毛，多分枝。叶子轮廓变化很大，茎下部叶的轮廓呈卵形，三分裂呈掌状。裂片呈长圆状菱形至卵圆形，裂片上再分裂，上面绿色，有毛。茎中部叶的轮廓呈菱形，通常分裂成 3 个或多个长圆状线形的裂片。花萼呈管状钟形，外面有微柔毛。花冠为粉红至淡紫红色，呈二唇形。上唇直伸内凹，内面无毛。下唇略短于上唇，内面在基部有毛，边缘三裂，中裂片呈倒心形，侧裂片呈卵圆形。果实呈淡褐色长圆状三棱形，较光滑。花期一般在 6—9 月，果期为 9—10 月。

药用知识

益母草新鲜或干燥的地上部分可以作为中药使用。益母草味苦、辛，性微寒，具有活血调经、利尿消肿、清热解毒的作用。孕妇慎用。

何处觅踪

产于全国各地。多生长于海拔高达 3400 米的阳处。俄罗斯、朝鲜、日本、非洲以及美洲各地有分布。

夏枯草

植物认知

地下根茎匍匐，在节上生须根。茎是紫红色的，自基部多分枝。茎叶呈卵状长圆形或卵圆形，大小不等，上面是橄榄绿色的，下面是淡绿色的。花萼呈钟形，外面有稀疏的毛。花冠为紫色、蓝紫色或红紫色，呈二唇形。上唇近圆形，呈盔状。下唇约为上唇的一半，下唇边缘三裂。中裂片较大，形似倒心脏形，前端边缘有流苏状小裂片；侧裂片呈长圆形，垂向下方，细小。果实是黄褐色的，呈长圆状卵珠形。花期一般在4—6月，果期在7—10月。

药用知识

夏枯草的干燥果穗可以作为中药使用。益母草味辛、苦，性寒，具有清肝泻火、明目、散结消肿的作用。

何处觅踪

产于陕西、甘肃、新疆、河南、湖北、湖南、江西、浙江、福建、台湾、广东、广西、贵州、四川及云南等省区。生于荒坡、草地、溪边及路旁等湿润地上，海拔可达3000米。欧洲各地、北非、俄罗斯西伯利亚、西亚、印度、巴基斯坦、尼泊尔等地区均广泛分布，澳大利亚及北美洲亦偶见。

huáng huā hāo
黄花蒿

植物认知

黄花蒿有浓烈的挥发性香气。根和茎单生，茎有纵棱，幼时为绿色，后变褐色或红褐色，分枝较多。叶片是绿色的，为纸质，边缘深裂，每侧有多枚裂片，裂片呈长椭圆状卵形，再次分裂，小裂片边缘有多枚栉齿状三角形或长三角形的深裂齿。头状花序多数，呈球形，有短梗，下垂或倾斜，在分枝上排成总状或复总状花序，并在茎上组成开展、尖塔形的圆锥花序。花是深黄色的。果实小，略扁，呈椭圆状卵形。花果期一般在8—11月。

药用知识

黄花蒿的干燥地上部分可以作为中药使用，称为青蒿。青蒿味苦、辛，性寒，具有清虚热、除骨蒸、解暑热、截疟、退黄的作用。

何处觅踪

遍及全国。东部、南部生长在路旁、荒地、山坡、林缘等处。其他地区还生长在草原、森林草原、干河谷、半荒漠及砾质坡地等，也见于盐渍化的土壤上，局部地区可成为植物群落的优势种或主要伴生种。广布于欧洲、亚洲的温带、寒温带及亚热带地区，在欧洲的中部、东部、南部及亚洲北部、中部、东部最多，向南延伸分布到地中海及非洲北部，亚洲南部、西南部各国。另外，还从亚洲北部迁入北美洲，并广布于加拿大及美国。

旋覆花

植物认知

地下根状茎短，有粗壮的须根。茎单生直立，上部有上升或开展的分枝。基部叶常较小，在花期枯萎；中部叶呈长圆形、长圆状披针形或披针形；上部叶渐狭小，呈线状披针形。头状花序数量有的多有的少，排列成疏散的伞房花序。舌状花是黄色的，舌片呈线形；管状花常被误认为花蕊，管状花花冠有三角披针形裂片。果实呈圆柱形，有短毛。花期一般在 6—10 月，果期在 9—11 月。

药用知识

旋覆花的干燥头状花序可以作为中药使用。旋覆花味苦、辛，性微温，具有降气、消痰、行水、止呕的作用。

何处觅踪

产于我国北部、东北部、中部、东部各省市区。在四川、贵州、福建、广东也可见到。生于海拔 150—2400 米的山坡路旁、湿润草地、河岸和田埂上。在蒙古国、朝鲜、俄罗斯西伯利亚、日本都有分布。

麦冬

植物认知

麦冬的根较粗，中间或近末端常膨大成椭圆形或纺锤形的小块根，为淡褐黄色。茎很短，叶基生成丛，呈禾叶状，边缘呈细锯齿状。总状花序有几朵至十几朵花，花被片[1]常稍下垂而不展开，呈披针形，为白色或淡紫色。花期一般在5—8月，果期在8—9月。

药用知识

麦冬的干燥块根可以用作中药。麦冬味甘、微苦，性微寒，具有养阴生津、润肺清心的作用。

何处觅踪

产于广东、广西、福建、台湾、浙江、江苏、江西、湖南、湖北、四川、云南、贵州、安徽、河南、陕西南部和河北。生于海拔2000米以下的山坡阴湿处、林下或溪旁。浙江、四川、广西等地均有栽培。也分布于日本、越南、印度。

1　萼片和花瓣合称花被片。萼片指花的最外一环，能保护花蕾的内部。

草
部

鸭跖草

植物认知

鸭跖草的茎匍匐生根，分枝很多。它的叶呈披针形至卵状披针形。总苞片呈佛焰苞状，展开后呈心形，边缘常有硬毛。聚伞花序，下面一枝仅有一朵花，上面一枝有 3—4 朵共花，几乎不伸出佛焰苞。花梗花期长仅 3 毫米，果期弯曲，长不过 6 毫米。萼片薄而半透明，内面 2 枚常靠近或合生，花瓣是深蓝色的。果实呈椭圆形，有 4 颗种子。种子是棕黄色的。

药用知识

鸭跖草的地上部分经干燥后可作为中药使用。鸭跖草味甘、淡，性寒，具有清热泻火、解毒、利水消肿的作用。

何处觅踪

产于云南、四川、甘肃以东的南北各地。生于湿地。越南、朝鲜、日本、俄罗斯远东地区，以及北美也有分布。

龙葵

植物认知

龙葵的地上部分较高，茎无棱或棱不明显，为绿色或紫色。叶呈卵形，先端短尖，基部呈楔形至阔楔形而下延至叶柄。萼小，呈浅杯状，萼齿呈卵圆形。蝎尾状花序，由3—10朵花组成。花冠是白色的，分5裂，裂片呈卵圆形，筒部隐于萼内。果实呈球形，熟时是黑色的。种子多数，近似卵形，两侧压扁。

药用知识

龙葵的根和种子可以作为中药使用，称为龙葵根和龙葵子。龙葵根味苦、微甘，性寒，具有治痢疾、淋浊、白带、跌打损伤、痈疽肿毒的作用；龙葵子味甘，性温，具有治急性扁桃体炎、疔疮的作用。

何处觅踪

几乎全国均有分布。喜生于田边、荒地及村庄附近。广泛分布于欧洲、亚洲、美洲的温带至热带地区。

草
部

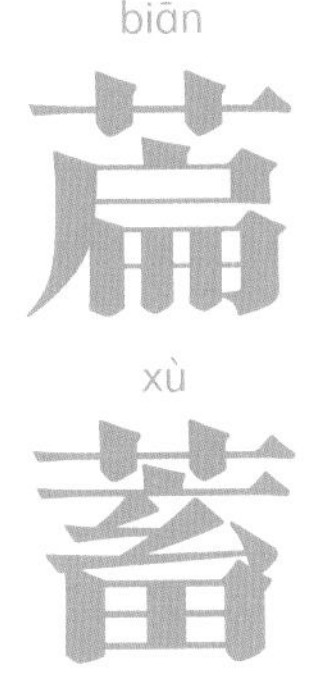

植物认知

萹蓄的茎平卧、上升或直立，自基部多分枝。它的叶呈椭圆形、狭椭圆形或披针形，基部呈楔形，两面无毛。叶柄短或近无柄，节部稍膨大。花很小，单生或数朵成簇遍布于植株。花被片是绿色的，边缘是白色或淡红色的，呈椭圆形。瘦果为黑褐色，呈卵形，有 3 条棱，密集覆盖着由小点组成的细条纹，无光泽。花期一般在 5—7 月，果期在 6—8 月。

药用知识

萹蓄的干燥地上部分可以作为中药使用。萹蓄味苦，性微寒，具有利尿通淋、杀虫、止痒的作用。

何处觅踪

产于全国各地。生于海拔 10—4200 米的田边路、沟边湿地。北温带广泛分布。

植物认知

独行菜的茎直立，有分枝。基生叶呈窄匙形。茎上部叶呈线形，有疏齿或没有任何锯齿、缺刻。萼片早落，呈卵形，外面有柔毛。总状花序在果期可延长至 5 厘米，花瓣没有或退化成丝状，比萼片短。果实呈近圆形或宽椭圆形，扁平，顶端微缺，上部有短翅。种子呈椭圆形，长约 1 毫米，平滑，是棕红色的。花果期一般在 5—7 月。

药用知识

独行菜的干燥成熟种子可以作为中药使用，称为葶苈子，习称北葶苈子。葶苈子味苦，性微寒，具有利尿通淋、杀虫、止痒的作用。

何处觅踪

产于东北、华北、江苏、浙江、安徽、西北、西南。生在海拔 400—2000 米的山坡、山沟、路旁及村庄附近。为常见的田间杂草。俄罗斯部分地区，亚洲东部及中部等地区均有分布。

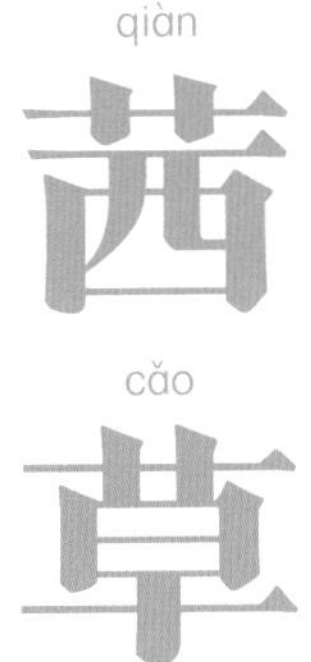

qiàn cǎo 茜草

植物认知

茜草的地下根状茎呈结节状，根呈圆柱状。地下根状茎和须根均为红色。地上茎多条，从根状茎的节上生出，呈细长方柱形，有4条棱，棱上有倒生皮刺，中部以上多分枝。叶通常为4片，柔韧而较薄，呈披针形或长圆状披针形，顶端渐尖，有时钝尖。叶基部呈心形，边缘有齿状皮刺，两面粗糙。聚伞花序有花10余朵至数十朵，花序和分枝均细瘦，有微小皮刺。花冠为淡黄色，干时为淡褐色。花冠裂片呈近卵形，微伸展，外面无毛。果实呈球形，成熟时为橘黄色。花期一般在8—9月，果期在10—11月。

药用知识

茜草的干燥根和根茎可以作为中药使用。茜草味苦，性寒，具有凉血、祛瘀、止血、通经的作用。

何处觅踪

产于东北、华北、西北和四川北部及西藏昌都等地。常生于疏林、林缘、灌丛或草地上。朝鲜、日本和俄罗斯远东地区也有分布。

谷
部

植物认知

大麻地上部分高 1—3 米，枝上有纵沟槽，有灰白色贴伏毛。叶片裂成掌状，裂片呈披针形或线状披针形，表面为深绿色且有糙毛，背面幼时有灰白色毛后脱落，边缘有向内弯的粗锯齿。叶柄有灰白色贴伏毛。大麻有雌雄株区分。雄株花序长达 25 厘米，花是黄绿色的，5 枚花被片薄而半透明，外面有伏贴毛；雌花是绿色的，1 枚花被片。果实表面是灰绿色或灰黄色的，呈卵圆形，果皮坚脆，表面有细网纹。花期在 5—6 月，果期在 7 月。

药用知识

大麻的干燥成熟果实可以用作中药，称为火麻仁。火麻仁味甘，性平，具有润肠通便的作用。

何处觅踪

原产于不丹、印度和中亚细亚地区，现各国均有野生或栽培。我国各地也有栽培或逐渐变成野生，新疆常见野生。

xiǎo mài
小麦

植物认知

秆直立丛生，有 6—7 节，高 60—100 厘米。叶鞘松弛包茎。叶片呈长披针形。穗状花序直立，小穗含 3—9 小花。颖果[1]呈长圆形，两端略尖，表面为浅黄棕色或黄色。小麦果实是人类的主食之一，磨成面粉可制作面食。

药用知识

小麦多个部位可入药。其种子或种子磨成的面粉称为小麦，茎叶称为小麦苗，干瘪轻浮的种子称为浮小麦，种皮称为麦麸。小麦味甘，性凉，具有养心、益肾、除热、止渴的作用。

何处觅踪

我国南北各地广为栽培，品种很多，性状均有所不同。

1　颖果：果皮与种皮愈合不能分离的一种果实，是禾本科植物特有的果实类型。

大麦

植物认知

秆粗壮，光滑无毛，直立，高 50—100 厘米。叶鞘松弛抱茎，大多无毛或基部具有柔毛，叶片扁平。穗状花序，小穗稠密，小穗均无柄。颖果呈线状披针形，外被短柔毛，前端常延伸为芒。外稃有 5 脉，前端延伸成芒，边棱有细刺。大麦有食用、饲用、酿造、药用等多种用途。

药用知识

大麦的成熟果实经发芽干燥所形成的炮制加工品可以用作中药，称为麦芽。麦芽味甘，性平，具有行气消食、健脾开胃、回乳消胀的作用。

何处觅踪

我国南北各地广为栽培。

植物认知

地上茎直立，为绿色或红色，有纵棱和分枝，无毛或于一侧沿纵棱区域有乳头状突起。叶呈三角形或卵状三角形。顶端渐尖，基部呈心形。下部叶的叶柄长，上部较小，叶柄极短。花序为总状或伞房状，花序梗一侧有小突起。5 枚花被片深裂，为白色或淡红色，花被片呈椭圆形。果实是暗褐色的，无光泽，呈卵形，有 3 条锐棱，顶端渐尖。一般花期在 5—9 月，果期在 6—10 月。

药用知识

荞麦的干燥成熟种子可以用作中药。荞麦味甘，性凉，具有开胃宽肠、下气消积的作用。

何处觅踪

我国各地有栽培，有时逐渐成为野生。生于荒地、路边。亚洲、欧洲也有栽培。

dào 稻

植物认知

秆直立，高度随品种而异。叶鞘松弛无毛。叶片呈线状披针形，无毛，粗糙。圆锥花序大型疏展，分枝多，棱粗糙，成熟期向下弯垂。小穗含 1 朵成熟花，呈长圆状卵形至椭圆形。颖果极小，仅在小穗柄前端留下半月形的痕迹，退化外稃 2 枚，外稃呈锥刺状。两侧能结种子的花外稃表面有方格状小乳状突起，厚纸质，遍布细毛，端毛较密，有芒或无芒。内稃与外稃同质。果实长约 5 毫米。

药用知识

稻的干燥成熟果实经发芽干燥所形成的炮制加工品可以用作中药，称为稻芽。稻芽味甘，性温，具有消食和中、健脾开胃的作用。

何处觅踪

稻是亚洲热带广泛种植的重要谷物，我国南方为主要产稻区，北方各地均有栽种。

yì yǐ
薏苡

植物认知

须根是黄白色的，类似海绵的质地。秆直立丛生，有 10 多节，节多分枝。叶片扁平宽大开展，较长，基部呈圆形或近心形，边缘粗糙，通常无毛。总状花序直立或下垂，有长梗。雌小穗位于花序下部，外面包以骨质念珠状的总苞。总苞呈卵圆形，坚硬有光泽。果实小，含淀粉少，常不饱满。一般花果期在 6—12 月。

药用知识

薏苡的干燥成熟种仁可以作为中药，称为薏苡仁。薏苡仁味甘、淡，性凉，具有利水渗湿、健脾止泻、除痹、排脓、解毒散结的作用。孕妇慎用。

何处觅踪

产于辽宁、河北、山西、山东、河南、陕西、江苏、安徽、浙江、江西、湖北、湖南、福建、台湾、广东、广西、海南、四川、贵州、云南等省区。多生于湿润的池塘、河沟、山谷、溪涧等地方，海拔 200—2000 米处常见。分布于亚洲东南部与太平洋岛屿，世界的热带、亚热带，非洲、美洲的热湿地带均有种植，也有的逐渐成为野生。

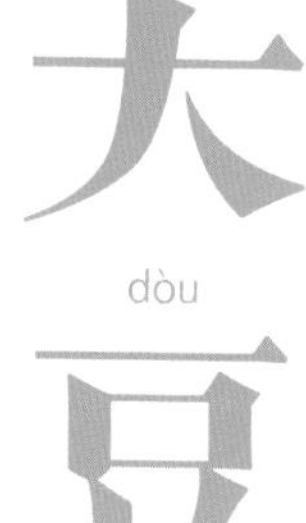

dà dòu
大豆

植物认知

地上茎粗壮直立，有的上部呈近缠绕状，有棱和褐色长硬毛。叶片为纸质，呈宽卵形、近圆形或椭圆状披针形。顶生一枚叶较大，两片侧生叶呈斜卵形较小，通常两面有糙毛或下面无毛。花萼有毛，常深裂，呈二唇形，裂片呈披针形。总状花序短的少花，长的多花，花为紫色、淡紫色或白色，花冠呈蝶形。果实是黄绿色的，肥大，呈长圆形，稍弯下垂，有褐黄色长毛。种子呈椭圆形、近球形或卵圆形至长圆形，种皮光滑，有淡绿、黄、褐和黑色等多样。种脐明显，呈椭圆形。花期在6—7月，果期在7—9月。

药用知识

大豆的成熟种子经发芽干燥所形成的炮制加工品可以用作中药，称为大豆黄卷。大豆黄卷味甘，性平，具有解表祛暑、清热利湿的作用。

何处觅踪

原产于我国。全国各地均有栽培，以东北产的大豆最著名。世界各地亦广泛栽培。

赤小豆

植物认知

地上茎纤细较长，幼时有黄色长柔毛，老时无毛。叶片纸质，呈卵形或披针形，前端急尖，基部宽或钝，沿叶片两面的叶脉上有稀疏的毛。总状花序较短，有花 2—3 朵，蝶形花冠是黄色的。果实呈线状圆柱形，较长，下垂，无毛。内有种子 6—10 颗，呈长椭圆形，通常为暗红色，有时为褐色、黑色或草黄色，种脐凹陷。花期一般在 5—8 月。

药用知识

赤小豆的干燥成熟种子可以用作中药。赤小豆味甘、酸，性平，具有利水消肿、解毒排脓的作用。

何处觅踪

我国南部分布有野生或栽培的赤小豆。原产自亚洲热带地区，朝鲜、日本、菲律宾及其他东南亚国家亦有栽培。

lǜ dòu 绿豆

植物认知

地上茎有褐色长硬毛。叶片呈卵形，两面均长有一些疏长毛，全缘，前端渐尖。叶基部呈阔楔形或浑圆，叶基部三条叶脉明显。总状花序，有花4至数朵，最多可达25朵。蝶形花冠的颜色有黄绿色、黄色和绿色。果实呈线状圆柱形，平展，有淡褐色、散生的长硬毛。种子8—14颗，为淡绿色或黄褐色，呈短圆柱形，种脐白色不凹陷。花期在初夏，果期在6—8月。

药用知识

绿豆的干燥成熟种子可以用作中药。绿豆味甘，性凉，具有清热解毒、消暑、利水的作用。此外，绿豆花、绿豆皮、绿豆芽、绿豆叶也可供药用。

何处觅踪

我国南北各地均有栽培。世界热带、亚热带地区广泛栽培。

谷部

豌豆

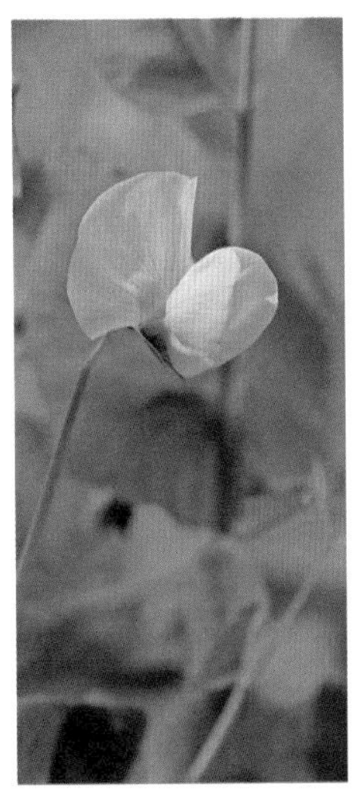

植物认知

全株绿色，光滑无毛，覆盖着粉霜。叶片呈卵圆形。花萼呈钟状，裂片呈披针形。花单生或数朵排列为总状花序。花冠颜色多样，随品种而异，但多为白色和紫色。果实肿胀，呈长椭圆形，顶端斜急尖，背部近于伸直，内侧有坚硬纸质的内皮。种子 2—10 颗，为青绿色，呈圆形，有皱纹或无，干后变为黄色。一般花期在 6—7 月，果期在 7—9 月。

药用知识

豌豆的干燥成熟种子可以用作中药。豌豆味甘，性平，具有和中下气、利小便、解疮毒的作用。

何处觅踪

主要产区有四川、河南、湖北、江苏、青海、江西等。豌豆原产自地中海和中亚细亚地区，主要分布在亚洲和欧洲。

植物认知

地下主根短粗多须根，有密集的粉红色根瘤。地上茎粗壮直立，有四棱，中空，无毛。叶片呈椭圆形、长圆形或倒卵形，少数呈圆形，两面均无毛。花萼呈钟形，萼齿呈披针形，下萼齿较长。花序为总状花序。蝶形花冠为白色，有紫色脉纹及黑色斑晕。果实肥厚，绿色的表皮覆盖着茸毛，内有白色海绵状横膈膜，成熟后表皮变为黑色。种子呈长方圆形近似长方形，中间内凹。种子厚而坚韧，类似皮革质地，有青绿色、灰绿色至棕褐色，少数为紫色或黑色。种脐为黑色，呈线形，位于种子一端。一般花期在 4—5 月，果期在 5—6 月。

药用知识

蚕豆的干燥成熟种子可以用作中药。蚕豆味甘，性平，具有健脾、利湿的作用，能治膈食、水肿。此外，蚕豆花、蚕豆荚壳、蚕豆茎、蚕豆叶也可供药用。

何处觅踪

全国各地均有栽培，以长江以南栽培为多。原产自欧洲地中海沿岸、亚洲西南部至北非。喜温暖湿地，能耐低温。

植物认知

全株几乎无毛，地上茎较长，常呈淡紫色。叶片呈宽三角状卵形，侧生叶两边不等大，先端急尖或渐尖，基部近截平。花萼呈钟状。总状花序直立，花 2 至多朵簇生于每一节上。蝶形花冠为白色或紫色。果实和种子都很扁平，果实呈长圆状镰形，直或稍向背弯曲，顶端有弯曲的尖喙，基部渐狭。种子有 3—5 颗，呈长椭圆形，在白花品种中为白色，在紫花品种中为紫黑色。一般花期在 4—12 月。

药用知识

扁豆的干燥成熟种子可以用作中药，称为白扁豆。白扁豆味甘，性微温，具有健脾化湿、和中消暑的作用。

何处觅踪

我国各地广泛栽培。今世界各热带地区均有栽培。我国南北朝时陶弘景所著的《名医别录》里已有扁豆栽培的记载。

亚麻

yà má

植物认知

地上茎直立，多在上部分枝，有时自茎基部也有分枝，但若种植较密则不分枝。茎基部坚硬牢固，无毛，有强韧弹性，构造如棉。叶片呈线形、线状披针形或披针形。有5枚萼片，呈卵形或卵状披针形。花单生组成疏散的聚伞花序，5枚花瓣呈倒卵形，为蓝色或紫蓝色，少数为白色或红色。果实呈球形，干后为棕黄色。种子是棕褐色的，共10粒，呈长圆形且扁平。一般花期在6—8月，果期在7—10月。

药用知识

亚麻的干燥成熟种子可以用作中药，称为亚麻子。亚麻子味甘，性平，具有润燥通便、养血祛风的作用。但大便滑泻者禁用。

何处觅踪

全国各地皆有栽培，以北方和西南地区较为普遍，有时逐渐成为野生。原产自地中海地区，现欧洲、亚洲温带地区多有栽培。

苦荞麦（kǔ qiáo mài）

植物认知

地上茎直立有分枝，为绿色或略有紫色，有细纵棱，一侧具有乳头状突起。叶片呈宽三角形，两面沿叶脉区域有乳头状突起，下部叶柄长，上部叶较小且叶柄短。花序呈总状，花排列稀疏，花梗中部有关节。花被片为白色或淡红色，呈椭圆形。果实为黑褐色，呈长卵形，有 3 条棱及 3 条纵沟，上部棱角锐利，下部圆钝或有波状齿，无光泽，比宿存花被长。一般花期在 6—9 月，果期在 8—10 月。

药用知识

苦荞麦的干燥根及根茎可以用作中药，称为苦荞头。苦荞头味甘、苦，性平，具有治胃痛、消化不良、痢疾、劳伤、腰腿痛的作用。

何处觅踪

我国东北、华北、西北、西南山区有栽培，也可见野生。生于海拔 500—3900 米的田边、路旁、山坡、河谷。分布于亚洲、欧洲及美洲。

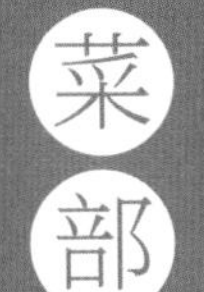

菜部

jiǔ 韭

植物认知

地下鳞茎呈近圆柱形，较为细长，外皮为暗黄色或黄褐色，茎裂开后呈网状。叶片为长条形，边缘光滑。花苞的一侧常裂开，在顶端有许多小花聚集在一起成一簇，呈放射状排列，好像雨伞打开后的样子。一整簇花常呈半球状或近球状，花瓣为白色。花果期在 7—9 月。

药用知识

韭的叶子、花葶和花等都可以作为蔬菜食用，生活中叶常被叫作韭菜。韭的干燥成熟种子入药称为韭菜子，味辛、甘，性温，具有温补肝肾、壮阳固精的作用。

何处觅踪

全国广泛栽培，亦有野生植株。原产于亚洲东南部。现在世界上已普遍栽培。

cōng

葱

植物认知

葱的地下鳞茎单生，呈圆柱状。少数葱的基部膨大，呈卵状圆柱形。鳞茎外皮为白色，有的有轻微的淡红褐色，手摸起来外膜有厚而较强韧的触感，不易破裂。葱整体呈筒状，中空，由底端至顶端越来越窄。花葶呈圆柱状，中空，从中部向下越来越膨大，向顶端渐渐变窄，花葶的下部被叶鞘包裹。在顶端有许多花梗等长的小花聚集在一起成一簇，每朵小花之间的间隔较大，呈放射状排列，类似伞形。一整簇花常呈球状。小花梗细长，基部没有小苞片。花瓣为白色，呈近卵形，顶端渐尖，有的花瓣顶端轻微往回折叠。花果期在 4—7 月。

药用知识

葱可以作为蔬菜食用，鳞茎和种子也可以作为药用。葱的种子入药称为葱实，味辛，性温，具有温肾、明目的作用。

何处觅踪

全国各地广泛栽培，国外也有栽培。

suàn

蒜

植物认知

地下鳞茎呈球状至扁球状，由多数肥厚多汁的、瓣状的小鳞茎紧密地排列而成，外面包裹了多层白色或带点紫色的半透明的鳞茎外皮。叶片较宽，呈条状披针形，扁平，先端越来越窄。花葶是实心的，呈圆柱形，中部向下被叶鞘包裹。在花葶顶端有许多小花聚集在一起成一簇，密集放射状排列，类似伞形。小花梗纤细。小苞片较大，呈卵形，手摸有膜质感，顶端有小短尖。花瓣为淡红色，呈披针形或卵状披针形。花丝比花瓣短，基部聚集在一起并与花瓣紧贴在一起生长。通常 7 月开花。

药用知识

蒜的幼苗、花葶和鳞茎均可以作为蔬菜食用，鳞茎还可以药用。鳞茎入药为大蒜，味辛，性温，具有解毒、杀虫、止痢的作用。

何处觅踪

原产于亚洲西部或欧洲。世界上已有悠久的栽培历史。我国普遍栽培。

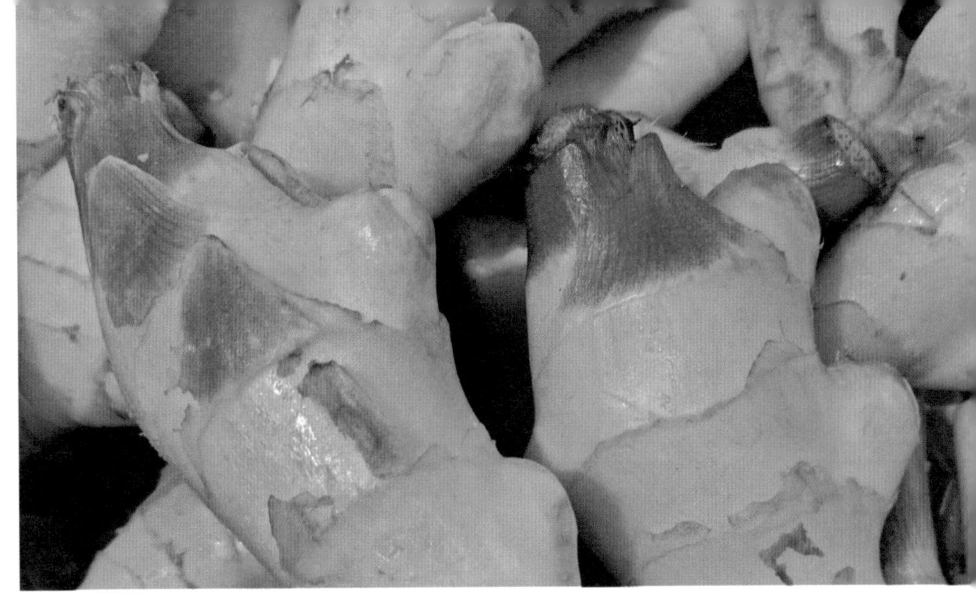

jiāng

姜

植物认知

地下根茎肥厚，有许多小分枝，有芳香及辛辣味。叶片呈披针形或线状披针形，狭长，没有毛也没有叶柄。叶片摸起来有膜质感。总花梗较长。许多无梗的小花依次生长在花轴上。苞片呈卵形，整体为淡绿色，有的边缘为淡黄色。花瓣是黄绿色的，每一个小花瓣呈披针形。花的唇瓣中央裂片呈长圆状倒卵形，有紫色条纹及淡黄色斑点。花期在9—11月。

药用知识

姜的干燥根茎入药，称为干姜。干姜味辛，性热，具有温中散寒、回阳通脉、温肺化饮的作用。姜的新鲜根茎入药，称为生姜。生姜味辛，性微温，具有解表散寒、温中止呕、化痰止咳、解鱼蟹毒的作用。有阴虚内热的患者不宜服用干姜和生姜。

何处觅踪

我国中部、东南部至西南部各地广为栽培。亚洲热带地区亦常见栽培。

shuǐ qín
水芹

植物认知

地上茎直立或基部匍匐。基生叶有柄，基部有叶鞘。叶片呈三角形，3 枚以上的小叶排列在叶轴两侧，呈羽毛状，小叶边缘有锯齿。茎上部的叶片无柄。花序顶生，每个花序有 20 余朵小花。花瓣是白色的，呈倒卵形，有一长而内折的小舌片。果实近似四角状椭圆形或筒状长圆形，侧棱隆起。花期在 6—7 月，果期在 8—9 月。

药用知识

水芹的茎叶可作蔬菜食用，民间也将整个植株作为药用。水芹味辛，性凉，具有清热、利水的作用。

何处觅踪

我国各地均产。多生于浅水低洼地方或池沼、水沟旁。分布于印度、缅甸、越南、马来西亚、印度尼西亚的爪哇及菲律宾等地。

bō cài
菠菜

植物认知

植株高大，可达 1 米。根呈圆锥状，常为红色，少数呈现白色。茎直立，中空，容易折断，折断容易有汁液渗出，茎基本不分枝。叶呈卵圆形，是鲜绿色的，柔嫩多汁，有的叶片有光泽，叶片边缘有少数牙齿状裂片。花分为雄花和雌花。雄花聚集成球呈伞形，聚集在枝和茎的上部，通常由 4 朵花瓣组成。雌花聚集在叶柄与茎的连接处。果实呈卵形或近圆形，两侧较扁，果皮是褐色的。

药用知识

菠菜为常见的蔬菜之一，富含维生素及磷、铁。以带根的全草入药，味甘，性凉，入胃经，具有养血、止血、敛阴、润燥的作用。

何处觅踪

原产自伊朗，我国普遍有栽培。

jì 荠

植物认知

全体通常无毛，偶尔有毛。茎呈直立状态，有的下部有分枝。基部生长的叶片呈莲座状，基部的小叶排列在叶轴两侧，呈羽毛状，较长，顶端的裂片呈卵形至长圆形，侧面的裂片呈长圆形至卵形。基生叶顶端逐渐变尖，叶片有轻微裂开呈现不规则的锯齿状。茎生叶呈窄披针形或披针形，叶片基部类似箭的形状，环抱着茎生长，边缘有缺刻或锯齿。花序顶生及腋生，具有花柄的小花着生于花序轴上。小花的花柄等长，由下至上开花，有的花生于枝条顶端，有的花生于叶基与花枝的结合部位。花瓣是白色的，呈卵形。果实呈倒三角形或倒心状三角形，扁平，无毛。种子呈长椭圆形，是浅褐色的。花果期在4—6月。

药用知识

荠的茎叶可作蔬菜食用，俗称为荠菜。干燥种子入药为荠菜子，味甘性平，具有祛风、明目的作用。

何处觅踪

全国均有分布。野生为主，生在山坡、田边及路旁；偶有栽培。全世界温带地区广泛分布。

菜部

紫苜蓿

植物认知

根粗壮。地上茎直立，聚集生长，茎呈四棱形，通常没有毛或有少许柔毛。枝叶茂盛。每个叶轴上着生 3 片小叶，顶生小叶的复叶带有叶柄。托叶[1]大，呈卵状披针形，前端锐尖，基部有的较为光滑，有的则有齿状裂痕，叶脉的纹路清晰。小叶呈长卵形、倒长卵形至线状卵形，手摸有纸质感，前端钝圆，基部狭窄，呈楔形，边缘三分之一以上有锯齿。叶片的上面无毛，是深绿色的，下面有小柔毛附着。顶生的小叶柄比侧生小叶柄略长。花大多无柄，且密集排列成一簇。花萼类似钟形，上面有小柔毛。花瓣的颜色各异，有淡黄、深蓝至暗紫色。果实有的上面有柔毛，有的已经脱落，果实成熟后为棕色，有 20—30 粒种子。种子呈卵形，摸起来平滑，多为黄色或棕色。花期在 5—7 月，果期在 6—8 月。这种植物性状因栽培类型与生境不同，差别较大。

药用知识

整株植物入药称为苜蓿，味苦性平，具有清脾胃、利大小肠、下膀胱结石的作用。根入药称为苜蓿根，味苦性寒，具有清湿热、利尿的作用。

何处觅踪

全国各地都有栽培或半野生。生于田边、路旁、旷野、草原、河岸及沟谷等地。欧亚大陆和世界各国广泛种植，用于饲料与牧草。

1　托叶：生长在叶柄与茎的连接处，分居两侧，其形态和功能也因不同植物而异。

苋

植物认知

地上茎粗壮，为绿色或红色，常分枝，刚生长时有的有毛，有的无毛。叶片呈卵形、菱状卵形或披针形，顶端有的圆钝，有的尖凹，基部呈楔形，叶的边缘平滑不具任何齿、缺刻或者是波状缘，无毛附着。叶片为绿色或红色、紫色、黄色，或部分绿色夹杂其他颜色。叶柄为绿色或红色。花簇生于叶基与花枝的结合部位，或同时生在花枝的顶端，呈下垂的穗状花序。花整体呈球形。苞片及小苞片呈卵状披针形，是透明的，背面有绿色或红色隆起的中脉。花瓣呈矩圆形，为绿色或黄绿色，顶端有长芒尖，背面有绿色或紫色隆起的中脉。果实呈卵状矩圆形，包裹在宿存的花瓣内。种子呈近圆形或倒卵形，为黑色或黑棕色，边缘钝圆。花期在 5—8 月，果期在 7—9 月。

药用知识

茎叶可作为蔬菜食用。全草入药称为苋，味甘，性微寒，具有清热解毒、通利二便的作用。脾虚便溏者慎服。

何处觅踪

全国各地均有栽培，有时逐渐成为半野生。原产自印度，分布于亚洲南部、中亚、东亚等地。

植物认知

全身无毛。茎伏在地上铺散生长，有分枝，呈圆柱形，大多为淡绿色，有的则带暗红色。叶互生，有时近对生。叶片扁平，肥厚，呈倒卵形，似马齿状。叶片的顶端圆顿，有的则被截去一节。叶片基部呈楔形，整片叶子较为光滑，上面为暗绿色，下面为淡绿色或带点暗红色。叶片的叶脉又粗又短。花没有花梗，通常 3—5 朵簇生在枝端，中午的时候盛开，每个小苞片手摸有膜质感。花瓣大多 4—5 枚，是黄色的，呈倒卵形，基部合在一起。果实呈卵球形，从顶端开裂。种子细小粒数多，呈斜球形，是黑褐色的，有光泽，有的则有点状凸起。花期在 5—8 月，果期在 6—9 月。

药用知识

干燥的地上部分入药称为马齿苋，味酸，性寒，归肝、大肠经，具有清热解毒、凉血止血、止痢的作用。

何处觅踪

我国南北各地均有。耐旱亦耐涝，生命力强，生于菜园、农田、路旁，为田间常见杂草。广布于全世界温带和热带地区。

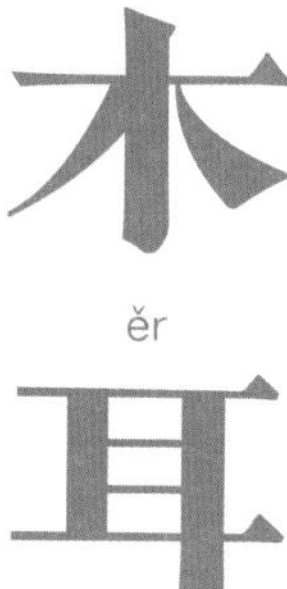

mù 木 ěr 耳

植物认知

我们常见的木耳是它的子实体，形状如人耳。内面为暗褐色，平滑；外面是淡褐色的，有柔软的短毛。湿润时呈胶质，干燥时呈革质。干燥的木耳呈不规则的块片，边缘卷缩，表面平滑，为黑褐色或紫褐色，底面颜色较淡。质地较脆易折断，用水浸泡后膨胀，颜色变浅，为棕褐色，柔润而微透明，表面有滑润的黏液。气微香。

药用知识

既可食用也可药用。味甘性平，归胃、大肠经，具有凉血、止血的作用。一般大便溏泄者不宜服用。

何处觅踪

寄生于阴湿、腐朽的树干上。可人工栽培。分布于四川、福建、江苏等地。现在我国多地有栽培。

莴苣

植物认知

地下根垂直。地上茎直立，全部茎枝是白色的。叶子呈倒披针形、椭圆形或椭圆状倒披针形，无柄，边缘呈波状，有的有细锯齿。叶的两面无毛。花冠呈卵球形，外面无毛。果实呈倒披针形，扁平，是浅褐色的，顶端的喙呈细丝状。花果期在2—9月。

药用知识

莴苣的干燥种子入药为莴苣子，味苦性寒，归胃、肝经，具有通乳汁、利小便、活血行瘀的作用。

何处觅踪

全国各地有栽培，亦有野生。

植物认知

根粗壮，呈圆柱状，是黑褐色的。叶子呈倒卵状披针形、倒披针形或长圆状披针形，先端钝圆或锐尖，边缘有的有波状齿或羽状深裂，有的平滑。花苞呈钟形，是淡绿色的。花瓣是黄色的，背面有紫红色条纹。果实呈倒卵状披针形，是暗褐色的。果实的一端附着有白色的冠毛，像一把小伞，可随风帮助蒲公英进行传播。花期在 4—9 月，果期在 5—10 月。

药用知识

全草入药称为蒲公英。味苦、甘，性寒，归肝、胃经，具有清热解毒、消肿散结、利尿通淋的作用。阳虚外寒、脾胃虚弱者忌用。

何处觅踪

产于黑龙江、吉林、辽宁、内蒙古、河北、山西、陕西、甘肃、青海、山东、江苏、安徽、浙江、福建北部、台湾、河南、湖北、湖南、广东北部、四川、贵州、云南等地。广泛生于中、低海拔地区的山坡草地、路边、田野、河滩。朝鲜、蒙古国、俄罗斯也有分布。

甘薯

gān shǔ

植物认知

地下块茎膨大呈卵球形，外皮是淡黄色的，光滑。地上茎是缠绕状的草质藤本，基部有刺，有丁字形的柔毛。叶子呈心形，有丁字形长柔毛，背面长柔毛较多，叶柄的基部有刺。花瓣呈比较宽的披针形，有短柔毛。能够成熟的果实很少，成熟的呈三棱形。种子呈圆形。花期在 5 月。

药用知识

块茎入药称为甘薯。味甘，性平，具有补虚乏、益气力、健脾胃、强肾阴的作用。

何处觅踪

广东、海南、广西有栽培。分布于亚洲东南部，栽培及野生均有。

bǎi hé

百合

植物认知

地下鳞茎呈球状，为白色，肥厚多汁。鳞茎先端开放后形如荷花状。地上茎直立，呈圆柱形，通常有褐紫色斑点。叶子呈倒披针形至倒卵形，无柄。叶子边缘无缺刻和锯齿，有的叶边缘呈微波状。花瓣为乳白色或带淡棕色，呈倒卵形。果实呈长卵圆形，是绿色的。种子多数。花期在6—8月，果期在9月。

药用知识

地下鳞茎入药称为百合，味甘，性寒，归心、肺经，具有养阴润肺、清心安神的作用。风寒痰嗽、便滑者不宜服用。

何处觅踪

产于甘肃、河北、山西、河南、陕西、湖北、湖南、江西、安徽和浙江。生于山坡草丛中、疏林下、山沟旁、地边或村旁。野生和栽培均有。

qié

茄

植物认知

茄的小枝、叶、叶柄、花梗、花萼、花冠有星状毛。小枝多为紫色，后期毛脱落。叶子呈卵形或长圆状卵形。花萼呈近钟形，有小刺，裂片呈披针形。花冠呈辐射状，裂片内面有稀疏的星状毛。因经长期栽培变异极大，花的颜色及花瓣的数目变化很大，一般有白花、紫花。果实有长的或圆的，颜色有白、红、紫等，一般栽培供食用的呈长形及圆形，形状和大小变异极大，色泽多样。

药用知识

果实可供蔬食，就是我们常吃的茄子。果实入药称为茄，味甘，性凉，具有清热、活血、止痛、消肿的作用。

何处觅踪

我国各地均有栽培。

dōng guā 冬瓜

植物认知

全株密集生长着硬毛。叶柄粗壮，有黄褐色的硬毛和长柔毛。叶子呈肾状近圆形。叶子表面是深绿色的，粗糙，有稀疏的柔毛，老后逐渐脱落，近无毛。叶子背面粗糙，是灰白色的，有粗硬毛。花冠是黄色的，有黄褐色短刚毛和长柔毛。果实呈长圆柱状或近球状，有糙硬毛及白霜。种子呈卵形，为白色或淡黄色。花果期均在夏季。

药用知识

冬瓜的果实可用作蔬菜，果皮和种子可以药用。干燥的外层果皮入药为冬瓜皮，味甘，性凉，具有利尿、消肿的作用。干燥的种子入药为冬瓜子，味甘，性凉，具有润肺化痰、消痈排脓的作用。脾胃虚寒者不宜服用。

何处觅踪

我国各地有栽培。云南南部西双版纳有野生，果实比栽培小很多。主要分布于亚洲热带、亚热带地区，澳大利亚东部及马达加斯加也有分布。

紫菜
zǐ cài

植物认知

原形态藻体为扁平叶状体，柄短。由柄上生出的叶状体呈广披针形或椭圆形，为膜质，薄而半透明，边缘呈波状。幼时为浅粉红色，以后逐渐变为深紫色，衰老时转为浅紫黄色。生长期为 11 月至次年 5 月。

药用知识

叶状体入药为紫菜。味甘、咸，性寒，归肺、脾、膀胱经，具有化痰软坚、清热利尿的作用。

何处觅踪

生于海湾内较平静的中潮带岩石上。分布于江苏连云港以北的黄海和渤海海岸。现在我国海域多地有栽培。

nán
南
guā
瓜

植物认知

茎上有白色短刚毛。叶柄粗壮，有短刚毛。叶片呈宽卵形或卵圆形，质地柔软。叶片上面有黄白色刚毛和茸毛，常有白斑；背面颜色较淡，毛更明显。花萼呈筒钟形。花冠是黄色的，呈钟状，边缘反卷，有皱褶。果梗粗壮，瓜蒂呈喇叭状。果实的形状多样，因品种而异。种子呈长卵形或长圆形，是灰白色的，边缘较薄。

药用知识

南瓜全株多部分可供药用。常见的是种子入药，称为南瓜子。味甘，性平，具有驱虫的作用。

何处觅踪

原产自墨西哥到中美洲一带，世界各地普遍栽培。明代传入我国，现南北各地广泛种植。

sī guā
丝瓜

植物认知

茎、枝粗糙，有少许柔毛。叶柄粗糙，几乎无毛。叶子呈三角形或近圆形，边缘有锯齿。叶子上面是深绿色的，粗糙，有疣点；下面是浅绿色的，有白色的短柔毛。花萼筒呈宽钟形，有短柔毛。花冠是黄色的，呈辐射状，里面有黄白色长柔毛，基部有白色短柔毛。果实呈圆柱状，表面平滑，有深色的纵条纹，未熟时肥厚多汁，成熟后干燥。种子是黑色的，呈卵形，较扁，平滑，边缘呈狭翼状。花果期在夏秋季。

药用知识

成熟果实的维管束入药为丝瓜络，味甘，性平，具有祛风、通络、活血、下乳的作用。

何处觅踪

云南南部有野生，但果实较短小。我国南北各地普遍栽培。世界温带、热带地区也广泛栽培。

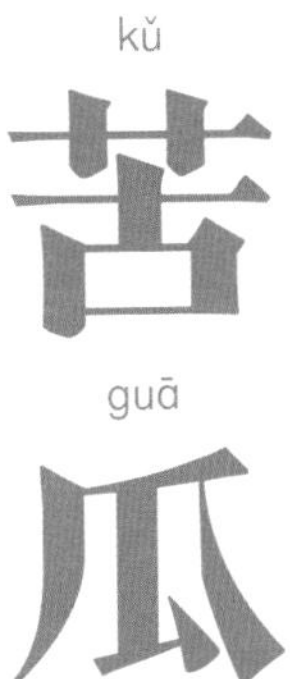

苦瓜

植物认知

地上茎多分枝，茎、枝上有柔毛。叶柄细，刚开始有白色柔毛，后来几乎无毛。叶子呈卵状肾形或近圆形，薄而半透明，上面是绿色的，背面是淡绿色的，叶脉上有明显的柔毛。花萼呈卵状披针形，有白色柔毛。花冠是黄色的，呈倒卵形，有柔毛。花梗也有稀疏的柔毛。果实呈纺锤形或圆柱形，成熟后为橙黄色。种子呈长圆形。花果期在5—10月。

药用知识

果实入药为苦瓜。味苦，性凉，具有清热解毒的作用。脾胃虚寒者谨慎服用。

何处觅踪

我国南北方均普遍栽培。世界热带到温带地区也广泛栽培。

果
部

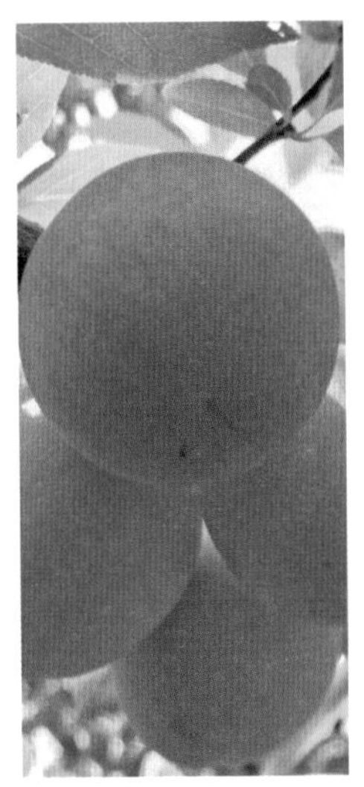

植物认知

整棵树从远处看去呈宽阔的圆形。树皮是灰褐色的，老枝为紫褐色或红褐色，无毛；小枝为黄红色，无毛。叶子呈长圆倒卵形、长椭圆形，边缘有圆钝锯齿，锯齿上还有小锯齿。叶子上面是深绿色的，有光泽，两面一般情况下都没有毛，有时下面有稀疏的毛，叶柄无毛。花瓣是白色的，呈长圆倒卵形，有明显的紫色脉纹。果实，是我们熟悉的水果李子，呈球形、卵球形或近圆锥形，为黄色或红色，有时为绿色或紫色。果实的外皮覆盖一层类似蜡烛质地一样的白粉。果核呈卵圆形或长圆形，有皱纹。花期在 4 月，果期在 7—8 月。

药用知识

果实入药称为李子，味甘、酸，性平，归肝、肾经，具有清肝涤热、生津、利水的作用。但李子不可多吃，容易损伤脾胃。

何处觅踪

李为重要温带果树之一，我国及世界各地均有栽培。在我国，主要产于陕西、甘肃、四川、云南、贵州、湖南、湖北、江苏、浙江、江西、福建、广东、广西和台湾。生于山坡灌丛中、山谷疏林中或水边、沟底、路旁等处。

植物认知

整棵树从远处看去呈圆形、扁圆形或长圆形。树皮是灰褐色的，老枝为浅褐色，一年内新长出的枝为浅红褐色，有光泽，无毛，有很多小皮孔。叶子呈宽卵形或圆卵形，两面均无毛。叶柄也没有毛。花梗有短柔毛。花瓣呈圆形至倒卵形，为白色或带红色。果实是我们常见的水果杏，通常呈球形，为白色、黄色至黄红色，有短柔毛。果肉多汁，成熟时不开裂。果核呈卵形或椭圆形。种仁味有的苦有的甜。花期在 3—4 月，果期在 6—7 月。

药用知识

杏的种子入药称为苦杏仁。味苦，性微温，有小毒，具有降气止咳平喘、润肠通便的作用。内服不宜过量，以免中毒。

何处觅踪

产于我国各地，多数为栽培，尤以华北、西北和华东地区种植较多。世界其他地区也均有栽培。我国新疆、华北地区有野生的杏分布。

méi

梅

植物认知

树皮是浅灰色的或带绿色，摸起来平滑。小枝是绿色的，光滑无毛。叶片呈卵形或椭圆形，是灰绿色的，幼嫩时两面都有短柔毛，成长时逐渐脱落。叶柄幼时有毛，老时脱落。花的香味浓。花瓣呈倒卵形，为白色至粉红色。果实呈近球形，为黄色或绿白色，有柔毛，味酸。果肉与核粘在一起。乌梅是梅快要成熟但还未完全成熟的果实，是我们常吃的小食。果核呈椭圆形，表面有蜂窝状孔穴。花期在冬春季，果期在5—6月。

药用知识

将近成熟的干燥果实入药称为乌梅，味酸、涩，性平，具有敛肺、涩肠、生津、安蛔的作用。

何处觅踪

我国各地均有栽培，以长江流域以南地区最多，某些品种已在华北引种成功。日本和朝鲜也有分布。

桃

植物认知

树皮为暗红褐色，树龄大的树皮比较粗糙。春季先开花后长叶。花梗很短或没有花梗。花瓣有的是长椭圆形，有的是宽倒卵形，颜色为粉红色，极少数为白色。果实就是平时吃的水果桃子。桃子形状和大小不一，呈卵形、宽椭圆形或扁圆形，色泽变化由淡绿白色至橙黄色都有，向阳面常有红晕，外面密集长着短柔毛，也有少数的桃子表面无毛，比如油桃。果肉为白色、浅绿白色、黄色、橙黄色或红色。桃子多汁有香味，味道是甜的或酸甜的。桃核较大，有的离核有的黏核，呈椭圆形或近圆形，两侧扁平，顶端渐尖。有的人工培育的果实扁平，如蟠桃。一般花期在3—4月，果实成熟期因品种而异，通常在8—9月。桃经过长期栽培，在食用类群中已培育出很多优良品种，如我们熟悉的蟠桃、油桃和黄桃等。

药用知识

桃一身是宝，可以用作多种中药，常见的有桃仁、桃枝等。干燥成熟的种子入药称为桃仁。桃仁味苦、甘，性平，具有活血祛瘀、润肠通便、止咳平喘的作用，但孕妇须慎用。桃的干燥枝条入药称为桃枝。桃枝味苦，性平，具有活血通络、解毒杀虫的作用。

何处觅踪

原产于我国，各地广泛栽培。现在世界各地均有栽培。

栗
lì

植物认知

小枝是灰褐色的。叶片呈椭圆至长圆形，通常一侧偏斜而不对称，叶片背面有星芒状伏贴茸毛或因毛脱落而变得较为光滑。花常 3—5 朵成簇。果实外面有类似碗状的一种器官称为壳斗。这些具有壳斗的果实称为壳斗果。成熟壳斗的锐刺有长有短，有疏有密，密时遮蔽壳斗全部的外壁，疏时则外壁可见。果实藏在壳斗里，就是我们常见的栗子，一般高 1.5—3 厘米，宽 1.8—3.5 厘米。花期在 4—6 月，果期在 8—10 月。

药用知识

果实入药称为栗子，味甘，性温，具有养胃健脾、补肾强筋、活血止血的作用。

何处觅踪

除青海、宁夏、新疆、海南等少数省区外，我国南北各地广泛分布，见于平地至海拔 2800 米的山地。现在仅能观察到栽培品种。

zǎo 枣

植物认知

树皮是褐色或灰褐色的。树枝为紫红色或灰褐色，呈“之”字形曲折，有刺。叶片柔韧而较薄，呈卵状椭圆形或卵状矩圆形。叶上面是深绿色的，无毛；下面是浅绿色的，无毛或沿脉有稀疏的毛。花瓣是黄绿色的，呈倒卵圆形。果实，就是我们熟悉的水果枣，呈矩圆形或长卵圆形，成熟时为红色，后变红紫色。果肉厚，味甜。果核顶端锐尖。种子呈扁椭圆形。花期在 5—7 月，果期在 8—9 月。

药用知识

枣的树皮、根、果实都可以入药。大枣既可食用又可药用。以成熟果实入药称为大枣，味甘，性温，具有补中益气、养血安神的作用。

何处觅踪

产于吉林、辽宁、河北、山东、山西、陕西、河南、甘肃、新疆、安徽、江苏、浙江、江西、福建、广东、广西、湖南、湖北、四川、云南、贵州。生长于海拔 1700 米以下的山区、丘陵或平原。枣原产自我国，广为栽培。现在亚洲其他地区、欧洲和美洲常有栽培。

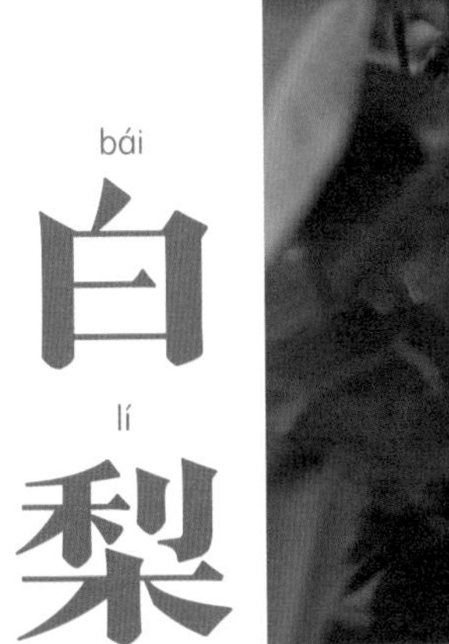

白梨

植物认知

除了主干部分，树枝从远处看向各方位开展。小枝粗壮，呈圆柱形，幼嫩时有柔毛，不久后脱落。叶片呈卵形或椭圆卵形，边缘有尖锐锯齿。叶幼嫩时为紫红绿色，两面均有茸毛，不久脱落，老叶无毛。叶柄幼嫩时密集地长着茸毛，不久脱落。花瓣呈卵形，先端为齿状。果实，是我们熟悉的水果白梨，呈卵形或近球形，是黄色的，有细密的斑点。种子呈倒卵形，微扁，是褐色的。花期在 4 月，果期在 8—9 月。

药用知识

果实入药称为白梨，味甘、微酸，性凉，归肺、胃经，具有生津、润燥、清热、化痰的作用。但脾虚便溏及因受寒咳嗽的患者忌服。

何处觅踪

产于河北、河南、山东、山西、陕西、甘肃、青海。适宜生长在干旱寒冷的地区或山坡阳处，海拔在 100—2000 米。

山楂

shān zhā

植物认知

树皮粗糙，为暗灰色或灰褐色。小枝呈圆柱形，幼枝是紫褐色的，无毛，有皮孔，老枝是灰褐色的。叶片呈宽卵形或三角状卵形，边缘有尖锐稀疏的不规则锯齿，锯齿上还有小锯齿。叶上面是暗绿色的，且有光泽；下面沿叶脉有短柔毛或在脉腋有髯毛。叶柄无毛。花萼呈筒钟状，外面有灰白色柔毛。花瓣呈倒卵形或近圆形，是白色的。花药是粉红色的，基部有柔毛。果实呈近球形或梨形，是深红色的，有浅色的斑点。果核小。花期在5—6月，果期在9—10月。

药用知识

干燥的果实入药称为山楂。味酸、甘，性微温，具有消食健胃、行气散瘀、化浊降脂的作用。脾胃虚弱者慎服。

何处觅踪

产于黑龙江、吉林、辽宁、内蒙古、河北、河南、山东、山西、陕西、江苏。生于海拔100—1500米的山坡林边或灌木丛中。朝鲜和俄罗斯西伯利亚也有分布。

shì 柿

植物认知

树皮为深灰色至灰黑色，或者黄灰褐色至褐色。除了主干部分，树枝从远处看呈球形或长圆球形。树枝为绿色至褐色，无毛，有圆形皮孔。叶片柔韧而较薄，呈卵状椭圆形至倒卵形或近圆形。新叶有稀疏的柔毛。老叶上表面有光泽，是深绿色的，无毛；下表面是绿色的，有的有柔毛。叶柄无毛。花萼呈钟状，是绿色的，两面都有毛。花冠为淡黄白色或黄白色而带紫红色，呈壶形或类似钟形。果实的形状各异，有球形、扁球形、球形而略呈方形、卵形，等等。果实嫩时为绿色，后变成黄色和橙黄色，老熟时最后变为橙红色或大红色。果肉嫩时较脆硬，老熟时果肉变得柔软多汁。种子是褐色的，呈椭圆状。花期在 5—6 月，果期在 9—10 月。

药用知识

干燥宿萼入药称为柿蒂，味苦、涩，性平，具有降逆止呕的作用。果实入药称为柿子，味甘、涩，性寒，具有清热、润肺、止渴的作用。但脾胃虚寒、痰湿内盛、外感咳嗽、脾虚泄泻、疟疾等均不宜多食。此外，柿子不宜与含有高蛋白的食物一同食用。

何处觅踪

原产于我国长江流域，现在我国多地有栽培。朝鲜、日本、东南亚、大洋洲、北非的阿尔及利亚、法国、俄罗斯、美国等国家和地区也有栽培。

柑橘
gān jú

植物认知

柑橘分枝多，小枝展开略微下垂。叶片呈披针形、椭圆形或阔卵形，大小变异较大。花瓣通常长 1.5 厘米以内。果实通常呈扁圆形至近圆球形。果皮薄且光滑，或厚而粗糙，为淡黄色、朱红色或深红色，容易剥离。橘络呈网状，易分离，柔嫩，瓢囊柔嫩或有韧性。果肉酸甜，或有苦味，有特异气味。种子通常呈卵形。花期在 4—5 月，果期在 10—12 月。

药用知识

柑橘的成熟果实俗称橘子，栽培品种很多。其种子入药，称为橘核。味苦，性平，归肝、肾经，具有理气、散结、止痛的作用。

何处觅踪

产于秦岭南坡以南、伏牛山南坡诸水系及大别山区南部，向东南至台湾，南至海南岛，西南至西藏东南部海拔较低地区。世界各地广泛栽培。

tián chéng
甜橙

植物认知

甜橙树枝少刺或几乎无刺。叶片呈卵形或卵状椭圆形。花是白色的，较少的花背面带淡紫红色。果实呈圆球形、扁圆球形或椭圆形，为橙黄至橙红色。果皮一般难剥离。果肉为淡黄、橙红或紫红色，味甜或稍偏酸。种子较少。花期在3—5月，果期在10—12月，迟熟品种果期在次年2—4月。

药用知识

甜橙的果实成熟后为常见水果，俗称为橙子。甜橙的未成熟幼果入药，称为枳实。枳实味苦、辛、酸，性微寒，具有破气消积、化痰散痞的作用。孕妇谨慎使用。

何处觅踪

秦岭南坡以南各地广泛栽种，西南至西藏东南部墨脱一带。甜橙栽种最靠西北的地域一般在陕西西南部、甘肃东南部一带。

柚

植物认知

柚的嫩枝、叶背、花梗、花萼均有柔毛。嫩叶通常为暗紫红色，嫩枝扁且有棱。叶片颜色浓绿，呈阔卵形或椭圆形。花蕾是淡紫红色的，较少为乳白色。果实呈圆球形、扁圆球形、梨形或阔圆锥状，有的是淡黄的，有的是黄绿色的，杂交种也有朱红色的。果皮较厚，类似海绵质地。种子形状不规则，通常近似长方体。花期在4—5月，果期在9—12月。

药用知识

柚的成熟果实称柚子，是我们常吃的一种水果。柚的果皮入药，称为化橘红，味辛、苦，性温，具有理气宽中、燥湿化痰的作用。

何处觅踪

产于长江以南各地，最北至河南省信阳及南阳一带，全为栽培。东南亚各国也有栽种。

pí pa

枇杷

植物认知

枇杷四季常绿。小枝粗壮，是黄褐色的，有锈色或灰棕色的茸毛。叶片质地略似皮革，厚而较强韧，呈披针形、倒披针形、倒卵形或椭圆长圆形。叶柄有灰棕色茸毛。花萼筒呈浅杯状，萼筒及萼片外面有锈色茸毛。花瓣是白色的，呈长圆形或卵形，基部有锈色茸毛。果实呈球形或长圆形，为黄色或橘黄色，外面有锈色柔毛，不久后脱落。种子呈球形或扁球形，是褐色的，光亮。花期在10—12月，果期在5—6月。

药用知识

枇杷的成熟果实是一种常见的水果，称为枇杷。枇杷的叶子入药称为枇杷叶。味苦，性微寒，具有清肺止咳、降逆止呕的作用。胃寒呕吐及肺感风寒咳嗽者忌用。

何处觅踪

产于甘肃、陕西、河南、江苏、安徽、浙江、江西、湖北、湖南、四川、云南、贵州、广西、广东、福建、台湾。各地广泛栽培，四川、湖北有野生枇杷。日本、印度、越南、缅甸、泰国、印度尼西亚也有栽培。

yáng méi
杨梅

植物认知

杨梅四季常绿。树皮是灰色的。叶片质地略似皮革，厚而较强韧，无毛，呈长椭圆状或楔状披针形。叶上面是深绿色的，有光泽，下面是浅绿色的。花序呈圆柱状。果实呈球状，外表面有乳头状凸起，外果皮肥厚，汁液较多，味道酸甜，成熟时为深红色或紫红色。果核常为阔椭圆形或圆卵形，呈压扁状。花期在 4 月，果期在 6—7 月。

药用知识

杨梅的成熟果实是一种水果，味甘、酸，性温，具有生津解渴、和胃消食的作用。但一次不宜多吃，容易上火。

何处觅踪

产于江苏、浙江、台湾、福建、江西、湖南、贵州、四川、云南、广西和广东。日本、朝鲜和菲律宾也有分布。生长在海拔 125—1500 米的山坡或山谷林中，喜酸性土壤。

yīng tao

樱桃

植物认知

樱桃树皮是灰白色的。小枝是灰褐色的，嫩枝为绿色，无毛。叶片呈卵形或长圆状卵形，上面是暗绿色的，几乎无毛，下面是淡绿色的。花序呈伞房状或近伞形。花萼筒呈钟状，外面有稀疏柔毛。花瓣是白色的，呈卵圆形。果实呈近球形，成熟后为红色。花期在3—4月，果期在5—6月。

药用知识

樱桃味甘，性温，具有益气、祛风湿的作用。但一次不可多吃，容易上火。

何处觅踪

樱桃常是栽培的，产于辽宁、河北、陕西、甘肃、山东、河南、江苏、浙江、江西、四川。生长于海拔300—600米的山坡阳处或沟边。

yín 银 xìng 杏

植物认知

银杏幼树的树皮有较浅的纵向裂纹，大树的树皮为灰褐色，纵向裂纹变深，粗糙。幼年及壮年的整棵树从远处看呈圆锥形，老树分叉的树枝从远处看整体呈广卵形。树枝向斜上伸展，一年生的长枝为淡褐黄色，二年生及以上变为灰色，并有细纵裂纹；短枝是黑灰色的。叶片呈扇形，是淡绿色的，常有波状缺刻，柄较长，无毛，秋季落叶前变为黄色。种子下垂，常呈椭圆形、长倒卵形、卵圆形或近圆球形，成熟时为黄色或橙黄色，表面覆盖白粉，有臭味。花期在 3—4 月，种子在 9—10 月成熟。

药用知识

叶入药称为银杏叶，味甘、苦、涩，性平，具有活血化瘀、通络止痛、敛肺平喘、化浊降脂的作用。

何处觅踪

银杏是我国特产，仅浙江天目山有野生状态的树木，生于海拔 500—1000 米、酸性黄壤、排水良好地带的天然林中。银杏的栽培区甚广：北自东北沈阳，南达广州，东起华东海拔 40—1000 米地带，西南至贵州、云南西部（腾冲）海拔 2000 米以下地带。

榛

zhēn

植物认知

榛树皮是灰色的。枝条是暗灰色的，无毛。小枝是黄褐色的，有短柔毛。叶片呈矩圆形或宽倒卵形，边缘有不规则的锯齿，每个锯齿上还有锯齿，上面无毛，下面有稀疏的短柔毛。叶柄纤细，有稀疏的短毛或几乎无毛。苞片密集长着柔毛，呈钟状。坚果近球形，无毛或顶端有稀疏的长柔毛。花期在4—5月，果期在9月。

药用知识

榛的果实俗称榛子，是生活中常见的一种干果。味甘，性平，具有健脾和胃、润肺止咳的作用。

何处觅踪

产于黑龙江、吉林、辽宁、河北、山西、陕西。生于海拔200—1000米的山地阴坡灌丛中。朝鲜、日本、俄罗斯东西伯利亚和远东地区、蒙古国东部也有分布。

荔枝

植物认知

荔枝四季常绿，树皮是灰黑色的。小枝呈圆柱状，是褐红色的，有白色皮孔。叶片质地略似皮革，厚而较强韧，有的较薄，呈披针形或卵状披针形，有时呈长椭圆状披针形。叶上表面是深绿色的，有光泽，背面是粉绿色的，两面都没有毛。花萼有金黄色的短茸毛。果实呈卵圆形至近球形，成熟时通常为暗红色至鲜红色。花期在春季，果期在夏季。

药用知识

荔枝的果实是常见水果，我们吃的俗称果肉的部分，在植物学上的学名为荔枝的假种皮。假种皮是某些种子表面覆盖的一层特殊结构，大多像肉一样肥厚多汁。荔枝种子入药称为荔枝核，味甘、微苦，性温，具有行气散结、祛寒止痛的作用。

何处觅踪

产于我国西南部、南部和东南部，尤以广东和福建南部栽培最为广泛。亚洲东南部也有栽培，非洲、美洲和大洋洲都有曾经引种的记录。

龙眼

lóng yǎn

植物认知

龙眼四季常绿，小枝粗壮，有稀疏的柔毛及苍白色皮孔。叶片像薄的皮革较强韧，呈长圆状椭圆形至长圆状披针形，腹面是深绿色的，有光泽，背面是粉绿色的，两面无毛。花序大，多分枝，密集生长着星状毛。花梗短。萼片质地略似皮革，厚而较强韧，呈三角状卵形，两面都有褐黄色茸毛和成束的星状毛。花瓣是乳白色的，呈披针形，外面有稀疏的柔毛。果实呈近球形，通常是黄褐色的，或有时是灰黄色的，外面稍粗糙。种子是茶褐色的，光亮，有肥厚多汁的假种皮包裹。花期在春夏间，果期在夏季。

药用知识

假种皮入药称为龙眼肉。味甘，性温，具有补益心脾、养血安神的作用。内有痰火及湿滞停饮者忌服。

何处觅踪

我国西南部至东南部栽培很广，以福建、广东栽培最多。云南及广东、广西南部的疏林中有野生或半野生的。亚洲南部和东南部也常有栽培。

西瓜

植物认知

西瓜为一年生蔓生藤本植物。茎、枝粗壮，具有明显的棱沟，有长而密的白色或淡黄褐色的柔毛。卷须粗壮，有短柔毛。叶片像纸一样，柔韧而较薄，轮廓呈三角状卵形，边缘呈波状或有疏齿，带白绿色，两面有短硬毛。花梗密集长着黄褐色长柔毛。花萼筒呈宽钟形，长满了长柔毛。花冠是淡黄色的，外面带绿色，有长柔毛。果实大，近于球形或椭圆形，肥厚多汁。果皮光滑，色泽及纹饰各异。种子数量多，呈卵形，有的是黑色，有的是红色，有时也为白色、黄色、淡绿色或有斑纹，两面平滑。花果期在夏季。

药用知识

西瓜是我们夏季常吃的一种水果，味甘，性寒，具有清热解暑、除烦止渴、利小便的作用。

何处觅踪

我国各地均有栽培，品种甚多，外果皮、果肉及种子形式多样。其原种可能来自非洲，广泛栽培于世界热带到温带，栽培历史较长。

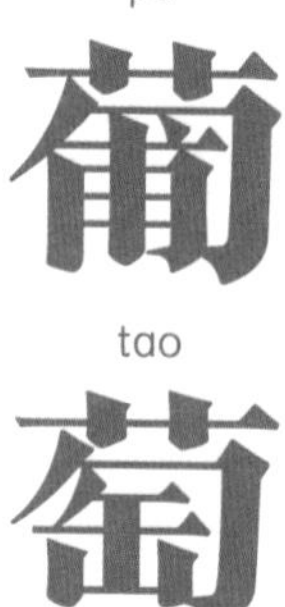

pú 葡 tao 萄

植物认知

葡萄为藤本植物，其茎已经木质化，质地较硬，但茎依旧不能直立生长，需要缠绕或攀附其他物体向上生长。小枝呈圆柱形，有纵棱纹，有稀疏的柔毛。叶片呈卵圆形，边缘有多个锯齿，齿深且粗大，不整齐，上面是绿色的，下面是浅绿色的，无毛或有稀疏的柔毛。花蕾呈倒卵圆形。花萼呈浅碟形，边缘呈波状，外面无毛。果实呈球形或椭圆形。种子呈倒卵椭圆形。花期在 4—5 月，果期在 8—9 月。

药用知识

葡萄味甘、酸，性平，具有补气血、强筋骨、利小便的作用。

何处觅踪

我国各地均有栽培。原产自亚洲西部，现世界各地都有栽培。

zhōng huá mí hóu táo
中华猕猴桃

植物认知

中华猕猴桃为藤本植物。幼枝有灰白色茸毛，或褐色长硬毛，或铁锈色刺毛，后脱落无毛。叶片质地像纸一样柔韧而较薄，呈倒阔卵形至倒卵形或阔卵形至近圆形。叶上表面是深绿色的，无毛；下表面是苍绿色的，密集生长着灰白色或淡褐色星状茸毛。花初放时是白色的，开放后变为淡黄色，有香气。花瓣呈阔倒卵形。果实为黄褐色，近球形，有灰白色茸毛，成熟时秃净，有淡褐色斑点。

药用知识

中华猕猴桃的果实为常见的水果——猕猴桃，味酸、甘，性寒，具有解热、止渴、通淋的作用。

何处觅踪

产于陕西、湖北、湖南、河南、安徽、江苏、浙江、江西、福建、广东和广西等省区。生于海拔 200—600 米低山区的山林中。

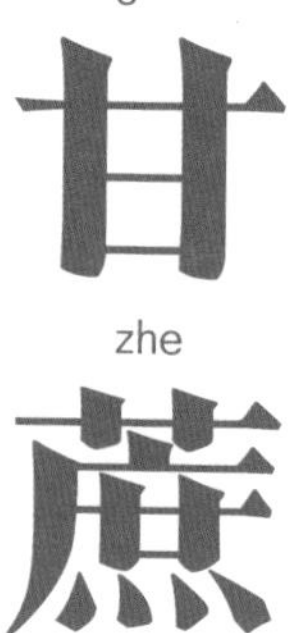

gān zhe 甘蔗

植物认知

甘蔗为多年生草本植物。根状茎粗壮发达。秆高，下部节间较短而粗大，上面覆盖白粉。叶鞘无毛。叶舌无毛。叶片中央的一条主脉粗壮。叶片是白色的，边缘有锯齿状，摸起来粗糙。小穗呈线状长圆形。小穗基部有 1 对颖片，生在下面或者外面的 1 片是第 1 颖，生在上面或者里面的 1 片是第 2 颖。第 1 颖没有柔毛，顶端尖，边缘薄而半透明；第 2 颖粗糙，无毛或有纤毛。第一外稃像膜一样，薄而半透明，与颖近等长，无毛；第二外稃微小，无芒或退化；第二内稃呈披针形。

药用知识

根状茎为常见水果甘蔗，味甘，性寒，具有消热、生津、下气、润燥的作用。脾胃虚寒者慎食。

何处觅踪

我国台湾、福建、广东、海南、广西、四川、云南等南方热带地区广泛种植。甘蔗是全世界热带糖料生产国的主要经济作物。

lián
莲

植物认知

莲为多年生水生草本植物。根状茎肥厚。叶片呈圆形盾状，上面光滑，有白粉，下面有叉状的分枝。叶柄粗壮，呈圆柱形，中空，外面有小刺。花美丽芳香。花瓣为红色、粉红色或白色，呈矩圆状椭圆形至倒卵形。果实呈椭圆形或卵形。果皮的质地略似皮革，厚而较强韧，坚硬，成熟时为黑褐色。种子呈卵形或椭圆形，种子皮为红色或白色。花期在6—8月，果期在8—10月。

药用知识

种子称为莲子，可以适量食用。种子入药也称为莲子，味甘、涩，性平，具有补脾止泻、止带、益肾涩精、养心安神的作用。但中满痞胀及大便燥结者忌服。

何处觅踪

产于我国各地。自生或栽培在池塘或水田内。俄罗斯、朝鲜、日本、印度、越南、亚洲南部和大洋洲均有分布。

zhǐ jǔ
枳椇

植物认知

枳椇高大，有明显的主干。小枝是褐色或黑紫色的，有棕褐色短柔毛或无毛，有明显的白色皮孔。叶片像纸一样柔韧而较薄，呈宽卵形、椭圆状卵形或心形，边缘有整齐、浅而钝的细锯齿，上面无毛，下面有短柔毛或无毛。叶柄无毛。花瓣呈椭圆状匙形。果实为近球形，无毛，成熟时为黄褐色或棕褐色。果序轴膨大。种子是暗褐色或黑紫色的。花期在5—7月，果期在8—10月。

药用知识

膨大的果序轴可食用，俗称拐枣。种子入药称为枳椇子，味甘，性平，具有解酒毒、止渴除烦、止呕、利大小便的作用。

何处觅踪

产于甘肃、陕西、河南、安徽、江苏、浙江、江西、福建、广东、广西、湖南、湖北、四川、云南、贵州。生于海拔2100米以下的开旷地、山坡林缘或疏林中。庭院宅旁常有栽培。印度、尼泊尔、不丹和缅甸北部也有分布。

吴茱萸

植物认知

吴茱萸嫩枝为暗紫红色。嫩枝和嫩芽均有灰黄或红锈色茸毛，或有稀疏的短毛。叶片像纸一样薄并且柔韧，呈卵形、椭圆形或披针形，两侧对称或一侧的基部偏斜。小叶的两面及叶轴有长柔毛。叶片中央的一条主脉两侧有短毛。雌花簇生，腹面有毛。雄蕊退化后呈鳞片状。雄花腹面有稀疏长毛。果实密集成团，为暗紫红色，有大油点。种子呈近圆球形，是褐黑色的，有光泽。花期在 4—6 月，果期在 8—11 月。

药用知识

近成熟果实入药称为吴茱萸，味辛、苦，性热，用于散寒止痛、降逆止呕、助阳止泻的作用。吴茱萸有小毒，阴虚火旺者忌服。

何处觅踪

产于我国秦岭以南各地。但海南未见有自然分布，曾引进栽培，均生长不良。生于平地至海拔 1500 米的山地疏林或灌木丛中，多见于向阳坡地。日本也有分布。

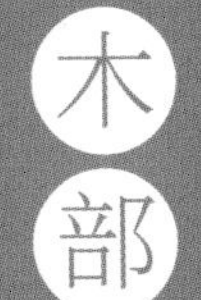
木部

侧柏

cè bǎi

植物认知

侧柏的主干明显。树皮薄，为浅灰褐色，裂成片状。枝条向上伸展。叶片呈鳞形。雄球花是黄色的，呈卵圆形；雌球花近球形，是蓝绿色的，有白粉。果实类似卵圆形，成熟前为蓝绿色，有白粉；成熟后为红褐色，裂开。种子呈卵圆形或近椭圆形，顶端尖，为灰褐色或紫褐色。花期在 3 月至 4 月，果实在 10 月成熟。

药用知识

以枝梢和叶入药称为侧柏叶，味苦、涩，性寒，具有凉血止血、化痰止咳、生发乌发的作用。

何处觅踪

产于内蒙古南部、吉林、辽宁、河北、山西、山东、江苏、浙江、福建、安徽、江西、河南、陕西、甘肃、四川、云南、贵州、湖北、湖南、广东北部及广西北部等地区。西藏德庆、达孜等地也有栽培。朝鲜也有分布。

yóu sōng
油松

植物认知

油松是中国特有树种。油松高大，主干明显。树皮为灰褐色或褐灰色，裂成不规则较厚的鳞状块片。枝平展或向下斜展。针叶两针一束，为深绿色，粗硬，长10—15厘米，直径约1.5毫米。雄球花呈圆柱形，长1.2—1.8厘米，在新枝下部聚生成穗状。球果呈卵形或圆卵形，长4—9厘米，有短梗，向下弯垂，成熟前为绿色，熟时为淡黄色或淡褐黄色，常宿存树上近数年之久。种子呈卵圆形或长卵圆形，为淡褐色，有斑纹。花期是4月至5月。球果在第二年10月成熟。

药用知识

油松的干燥花粉入药称为松花粉。味甘，性温，具有收敛止血、燥湿敛疮的作用。

何处觅踪

吉林南部、辽宁、河北、河南、山东、山西、内蒙古、陕西、甘肃、宁夏、青海及四川等地有分布。生于海拔100—2600米地带。辽宁、山东、河北、山西、陕西等省有人工油松林。

ròu guì 肉桂

植物认知

肉桂主干明显。树皮为灰褐色，老树皮厚达 13 毫米。叶呈长椭圆形至近披针形，质地厚而较强韧，但边缘这种质地不明显，内卷。叶上面是绿色的，有光泽，无毛；叶下面是淡绿色的，晦暗，覆盖着稀疏的黄色短茸毛。叶柄粗壮，有黄色短茸毛。花是白色的，花梗上覆盖着黄褐色短茸毛。花被内外两面密集长着黄褐色短茸毛，花被筒呈倒锥形，花被裂片呈卵状长圆形。果实呈椭圆形，成熟时是黑紫色的，无毛。花期在 6—8 月。果期在 10—12 月。

药用知识

干燥的树皮入药称为肉桂。肉桂味辛、甘，性大热，具有补火助阳、引火归元、散寒止痛、温通经脉的作用。

何处觅踪

肉桂是一种栽培物种。原产自中国，广东、广西、福建、台湾、云南等省区的热带及亚热带地区广为栽培，其中尤以广西栽培为多。印度、老挝、越南、印度尼西亚等地也有分布，但几乎都为人工栽培。

huái

槐

植物认知

槐的主干明显。树皮是灰褐色的，有纵裂纹。当年生，树枝是绿色的，无毛。叶柄的基部膨大。叶片柔韧较薄，呈卵状披针形或卵状长圆形，下面为灰白色。花序呈金字塔形。花萼呈浅钟状，有灰白色短柔毛。花冠是白色或淡黄色的。花瓣近圆形，有短柄，有紫色的脉纹，无皱褶。果实呈串珠状。果皮肥厚多汁，成熟后不开裂。种子呈卵球形，为淡黄绿色，干后为黑褐色。花期在7—8月。果期在8—10月。

药用知识

以花入药称槐花，以花蕾入药称槐米。味苦，性微寒，具有凉血止血、清肝泻火的作用。以成熟的果实入药称为槐角，味苦，性寒，具有清热泻火、凉血止血的作用。

何处觅踪

原产自中国，现中国各地广泛栽培，华北和黄土高原地区尤为多见。日本、越南、朝鲜也有分布。欧洲、美洲各国均有引种。

木
部

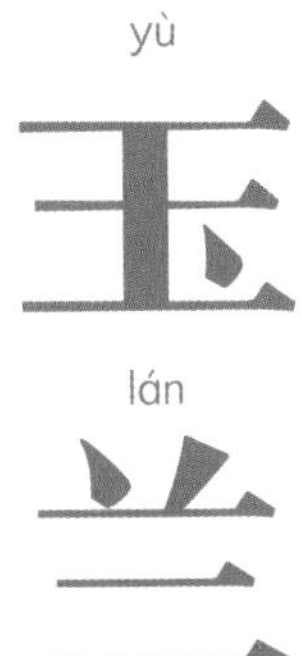

植物认知

玉兰主干明显，树枝开展。树皮是深灰色的，粗糙。小枝粗壮，为灰褐色。冬芽及花梗上有淡灰黄色长绢毛。叶片柔韧较薄，呈倒卵形、椭圆形。叶片上面是深绿色的，幼嫩时有柔毛；下面是淡绿色的，脉上有柔毛。叶柄上有柔毛。花蕾呈卵圆形，花比叶先开放，有芳香。花梗上有淡黄色长绢毛。花为白色，基部带有粉红色。果实呈圆柱形，是褐色的。种子呈心形。花期在2—3月。果期在8—9月。

药用知识

花蕾入药称为辛夷，味辛，性温，具有散风寒、通鼻窍的作用。

何处觅踪

产于江西、浙江、湖南、贵州。生于海拔500—1000米的林中。现全国各大城市园林广泛栽培。

植物认知

沉香四季常绿，主干明显。幼枝上有绢状毛。叶片厚而较强韧，呈椭圆披针形、披针形或倒披针形，下面叶脉有时有绢状毛。花为白色。花被呈钟形。花裂片呈卵形。果实呈倒卵形，密集覆盖着灰白色茸毛，基部有宿存花被。种子呈卵圆形。花期在 3—4 月。果期在 5—6 月。

药用知识

含树脂的木材入药称为沉香，味辛、苦，性温，具有行气止痛、温中止呕、纳气平喘的作用。

何处觅踪

主要分布于热带地区。中国台湾、广东、广西有栽培。印度、印度尼西亚、越南、马来西亚也有分布。

植物认知

檀香四季常绿，主干明显。树枝呈圆柱状，为灰褐色，有条纹。小枝细长，为淡绿色。叶片呈椭圆状卵形，薄而半透明，顶端锐尖，基部呈楔形或阔楔形，边缘呈波状，背面有白粉。花瓣的内部初开时为绿黄色，后呈深棕红色。外果皮肥厚多汁，果实成熟时为深紫红色至紫黑色。花期在 5—6 月。果期在 7—9 月。

药用知识

檀香味辛，性温，具有行气温中、开胃止痛的作用。

何处觅踪

广东、台湾有栽培。现以印度栽培最多。

dīng 丁 xiāng 香

植物认知

丁香四季常绿，主干明显。叶片呈长方卵形或长方倒卵形，光滑。花芳香。花萼肥厚，刚开始为绿色后转紫色，呈长管状。花冠为白色，稍带淡紫色，呈短管状。果实为红棕色，呈长方椭圆形。种子呈长方形。

药用知识

花蕾入药称为丁香，味辛，性温，具有温中降逆、补肾助阳的作用。但热病及阴虚内热者忌服。

何处觅踪

中国广东、广西等地有栽培。主要分布于坦桑尼亚、马来西亚、印度尼西亚等地。

nán mù
楠木

植物认知

楠木，也称猴樟，主干明显。树皮为灰褐色。枝条呈圆柱形，是紫褐色的，无毛。叶片呈卵圆形或椭圆状，柔韧而较薄。叶上表面光亮，幼时有极细的微柔毛，老时变无毛；叶下表面有密集的绢状微柔毛。叶柄有较少的柔毛。花是绿白色的。花梗呈丝状，有绢状柔毛。花被裂片呈卵圆形，内面有白色绢毛。果实呈球形，是绿色的，无毛。花期在 5—6 月。果期在 7—8 月。

药用知识

以木材及枝叶入药称为楠材。楠材味辛，性微温，具有和中降逆、利水消肿的作用。以猴樟的树皮入药称为楠木皮。楠木皮味苦、辛，性温，具有暖胃和中降逆的作用。

何处觅踪

产于贵州、四川东部、湖北、湖南西部及云南东北和东南部。生于海拔 700—1480 米的路旁、沟边、疏林或灌丛中。

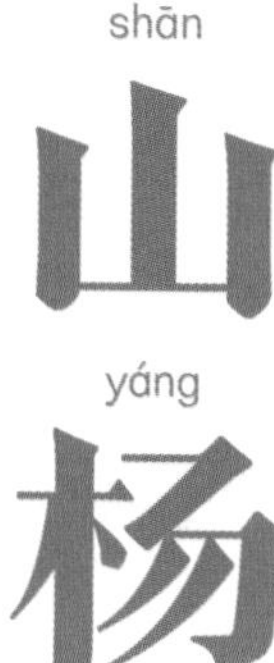

shān yáng
山杨

植物认知

山杨主干明显。树皮光滑，为灰绿色或灰白色。老树的基部粗糙，为黑色。小枝呈圆筒形，光滑，为赤褐色，幼枝上有柔毛。叶片呈三角状卵圆形或近圆形，边缘有波状浅齿，是红色的，下面有柔毛。花苞是棕褐色的，边缘有密集的长毛。果实呈卵状圆锥形。花期在 3—4 月。果期在 4—5 月。

药用知识

山杨的树皮入药称为白杨树皮，味苦，性寒，具有祛风活血、清热利湿、驱虫的作用。

何处觅踪

分布广泛，我国黑龙江、内蒙古、吉林、华北、西北、华中及西南高山地区均有分布。多生于山坡、山脊和沟谷地带，常形成小面积纯林或与其他树种形成混交林。朝鲜、俄罗斯也有分布。

chuí liǔ
垂柳

植物认知

垂柳主干明显。树皮为灰黑色。枝细，下垂，呈淡褐黄色、淡褐色或带紫色，无毛。叶片呈狭披针形或线状披针形，上面绿色，下面颜色较浅，有锯齿。叶柄上有短柔毛。花比叶先开放，或与叶同时长出。果实是绿黄褐色的。花期在3—4月。果期在4—5月。

药用知识

垂柳有多个部位可入药。以种子入药称为柳絮。柳絮性凉，具有止血、祛湿、溃痈的作用。以叶入药称为柳叶。柳叶味苦，性寒，具有清热、透疹、利尿、解毒的作用。以枝条入药称为柳枝。柳枝味苦，性寒，具有祛风、利尿、止痛、消肿的作用。

何处觅踪

主要分布于长江流域与黄河流域，中国其他各地均栽培，为道旁、水边等地常见的绿化树。耐水湿，也能生于干旱处。在亚洲、欧洲、美洲各国均有引种。

芦荟

lú huì

植物认知

芦荟为多年生植物。地上茎很短。叶片肥厚多汁，呈狭披针形，先端渐尖，基部宽阔，为粉绿色，边缘有刺状小齿。花有黄色或赤色斑点。果实呈三角形。一般在中国栽培的芦荟较少开花结果。花期在2—3月。果期在5—6月。

药用知识

芦荟味苦，性寒，具有泻下通便、清肝泻火、杀虫疗疳的作用。孕妇慎用。

何处觅踪

原产自非洲北部地区。目前于南美洲的西印度群岛广泛栽培。我国亦有栽培。

hòu

厚朴

pò

植物认知

厚朴到秋季会落叶，主干明显。树皮厚，为褐色。小枝粗壮，为淡黄色或灰黄色。叶片厚而较强韧，呈长圆状倒卵形，上面绿色，无毛，下面灰绿色，有灰色柔毛，有白粉。叶柄粗壮。花为白色，有芳香。花梗又粗又短，有长柔毛。花瓣肥厚多汁，外轮为淡绿色，呈长圆状倒卵形，盛开时向外反卷，内两轮为白色，呈倒卵状匙形。果实呈长圆状卵圆形。种子呈三角状倒卵形。花期在5—6月，果期在8—10月。

药用知识

以干皮、根皮和枝皮入药称为厚朴。厚朴味苦、辛，性温，具有燥湿化痰、下气除满的作用。孕妇慎用。

何处觅踪

产于陕西南部、甘肃东南部、河南东南部、湖北西部、湖南西南部、四川中部、东部、贵州东北部。生于海拔300—1500米的山地林间。

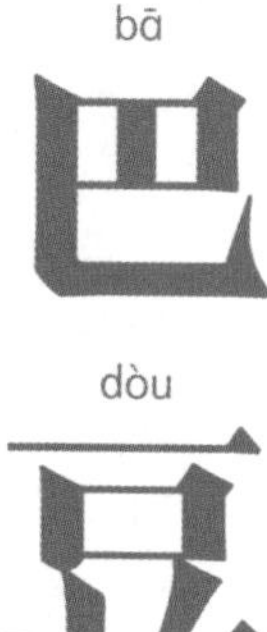

植物认知

巴豆有的主干明显，有的不明显。嫩枝有稀疏的柔毛，枝条上无毛。叶片柔韧而较薄，干后为淡黄色至淡褐色。叶柄上几乎无毛。花蕾近球形，有稀疏星状毛或几乎无毛。果实呈椭圆状，有稀疏的短星状毛或几乎无毛。种子呈椭圆状。花期在 4—6 月。果期在 8—9 月。

药用知识

以果实入药称为巴豆。巴豆味辛，性热，有大毒，只能外用，不可口服，外用具有蚀疮的作用。巴豆去油后的渣滓称为巴豆霜，其味辛，性热，有大毒，具有逐水退肿、豁痰利咽的作用，外用蚀疮。巴豆和巴豆霜，孕妇均禁用，不宜与牵牛子同用。

何处觅踪

产于浙江南部、福建、江西、湖南、广东、海南、广西、贵州、四川和云南等省区。生于村旁或山地疏林中。分布于亚洲南部和东南部。日本南部也有分布。

sāng 桑

植物认知

桑有的主干明显，有的主干不明显。树皮厚，是灰色的。叶呈卵形，先端锐尖或圆钝，底部呈圆形或浅心形，边缘的锯齿粗钝。叶子表面为鲜绿色，无毛，背面有稀疏的毛。花是淡绿色的，上面有密集的白色柔毛。果实呈卵状椭圆形，成熟时为红色或暗紫色。花期在4—5月，果期在5—8月。

药用知识

桑的叶子、嫩枝和果穗均可入药。以桑的干燥叶子入药称为桑叶，其味甘、苦，性寒，具有疏散风热、清肺润燥、清肝明目的作用。以干燥嫩枝入药称为桑枝，其味微苦，性平，具有祛风湿、利关节的作用。以干燥果穗入药称为桑葚，其味甘、酸，性寒，具有滋阴补血、生津润燥的作用。

何处觅踪

桑原产于我国中部和北部。目前自东北至西南各省区，西北直至新疆均有栽培。朝鲜、日本、蒙古国、中亚各国、俄罗斯、欧洲等地，以及印度、越南亦均有栽培。

植物认知

酸枣主干不明显，枝上常有尖锐的刺。叶较小，呈卵形、卵状披针形或卵状长圆形。果实小，近球形或短矩圆形。果皮薄，味酸。果核的两端钝。花期在6—7月，果期在8—9月。

药用知识

酸枣可以直接食用。其干燥的种子入药称为酸枣仁，味甘、酸，性平，具有养心补肝、宁心安神、敛汗、生津的作用。

何处觅踪

辽宁、内蒙古、河北、山东、山西、河南、陕西、甘肃、宁夏、新疆、江苏、安徽等地均有分布。常生于向阳、干燥的山坡、丘陵、岗地或平原。朝鲜和俄罗斯也有分布。

植物认知

山茱萸有的主干明显有的不明显。树皮是灰褐色的。树枝无毛或有稀疏的短柔毛。叶对生，质地柔韧而较薄，呈卵状披针形或卵状椭圆，先端渐尖，底部呈宽楔形或近于圆形。叶上面为绿色，无毛；下面为浅绿色，有稀疏的白色短毛。叶柄呈细圆柱形，有稀疏柔毛。花瓣小，呈舌状披针形，是黄色的，向外反卷。果实呈长椭圆形，为红色至紫红色。果核呈狭椭圆形。花期在3—4月，果期在9—10月。

药用知识

以干燥成熟果实入药称为山茱萸，其味酸、涩，性微温，具有补益肝肾、收涩固脱的作用。

何处觅踪

产于山西、陕西、甘肃、山东、江苏、浙江、安徽、江西、河南、湖南等省。朝鲜、日本也有分布。主要生于海拔400—1500米。

植物认知

女贞有的主干明显，有的不明显。树皮是灰褐色的。树枝为黄褐色、灰色或紫红色，呈圆柱形，上面有圆形皮孔。叶常绿，质地厚而较强韧，呈卵形、长卵形或椭圆形至宽椭圆形。叶片上面光亮，两面无毛。叶柄无毛。花无花梗。花萼无毛。果实呈肾形或近肾形，为深蓝黑色，成熟后为红黑色，上面有白粉。花期在 5 月至 7 月，果期在 7 月至第二年 5 月。

药用知识

以干燥成熟果实入药称女贞子，其味甘、苦，性凉，具有滋补肝肾、明目乌发的作用。

何处觅踪

产于长江以南至华南、西南各地，向西北分布至陕西、甘肃。生于海拔 2900 米以下的树林中。朝鲜也有分布，印度和尼泊尔有栽培。

枸杞 宁夏

gǒu qǐ níng xià

植物认知

宁夏枸杞主干不明显。分枝细密，野生时多开展而略斜升或弓曲。栽培时小枝弓曲，有纵棱纹，为灰白色或灰黄色，无毛，微有光泽，有不生叶的短棘刺和生叶、花的长棘刺。叶互生或簇生，呈披针形或长椭圆状披针形，顶端短渐尖或急尖，叶基部呈楔形，叶脉不明显。花萼呈钟状。花冠呈漏斗状，为紫堇色，裂片呈卵形，顶端圆钝。浆果为红色，或在栽培类型中也有橙色。果皮肥厚多汁。种子常有 20 余粒，略呈肾脏形，扁压，为棕黄色。花果期较长，一般从 5 月到 10 月边开花边结果，采摘果实时成熟一批采摘一批。

药用知识

枸杞的果实，俗称为枸杞子，可食用。以干燥成熟果实入药称为枸杞子，其味苦，性凉，有清热养阴、益肾、平肝的作用。以干燥根皮入药称为地骨皮，其味甘，性寒，有凉血除蒸、清肺降火的作用。

何处觅踪

原产于我国北部。河北北部、内蒙古、山西北部、陕西北部、甘肃、宁夏、青海、新疆有野生。宁夏、天津和河北栽培多、产量高。欧洲及地中海沿岸国家普遍栽培并成为野生。常生于土层深厚的沟岸、山坡、田梗和宅旁，耐盐碱、沙荒和干旱，因此可作水土保持和造林绿化的物种。

mù jǐn
木槿

植物认知

木槿主干不明显，树枝上有黄色毛。叶子呈菱形至三角状卵形，先端钝圆，底部楔形，边缘常为锯齿状，叶子下面有稀疏的毛或基本无毛。叶柄上有毛。花梗上有毛。花萼呈钟形，密集地覆盖着毛。花冠呈钟形，为淡紫色。花瓣呈倒卵形，外面有稀疏的毛。果实呈卵圆形，密集地覆盖着黄色毛。种子呈肾形。花期在 7—10 月。

药用知识

木槿主要供园林观赏用。茎皮富含纤维，可作为造纸原料。木槿有多个药用部位，常以茎皮和根皮、花等入药。以茎皮和干皮入药称为木槿皮，其味甘、苦，性微寒，具有清热利湿、杀虫止痒的作用。以花入药称为木槿花，其味甘、苦，性凉，具有清热、利湿、凉血的作用。

何处觅踪

产于台湾、福建、广东、广西、云南、贵州、四川、湖南、湖北、安徽、江西、浙江、江苏、山东、河北、河南、陕西等省区。

植物认知

木芙蓉有的主干明显，有的不明显。小枝、叶柄、花梗和花萼均有毛。叶片呈宽卵形至圆卵形或心形，上下面均有稀疏毛。花萼呈钟形。花初开时为白色或淡红色，后变深红色。花瓣呈近圆形，外面有毛。果实呈扁球形，有淡黄色毛。种子呈肾形。花期在8—10月。

药用知识

以叶入药称为木芙蓉叶，其味辛，性平，具有凉血、解毒、消肿、止痛的作用。

何处觅踪

原产于我国湖南。现辽宁、河北、山东、陕西、安徽、江苏、浙江、江西、福建、台湾、广东、广西、湖南、湖北、四川、贵州和云南等省区均有栽培。日本和东南亚各国也有栽培。

yú shù
榆树

植物认知

榆树秋季落叶，主干明显。幼树的树皮平滑，为灰褐色或浅灰色；成年后树皮为暗灰色，有不规则纵裂，粗糙。叶片呈椭圆状卵形、长卵形、椭圆状披针形或卵状披针形，上面平滑无毛，下面幼时有毛，后变无毛，边缘有锯齿。花比叶先开放。果实呈近圆形。花果期为 3 月至 6 月。

药用知识

以树皮或根皮的韧皮部入药称为榆白皮，其味甘，性平，具有利水、通淋、消肿的作用；以叶入药称为榆叶，其味甘，性平，具有清热利尿、安神、祛痰止咳的作用。

何处觅踪

分布于我国东北、华北、西北及西南各地。生于海拔 1000—2500 米以下的山坡、山谷、川地、丘陵及沙岗等处。长江下游地区有栽培。也是华北及淮北平原农村的常见树木。朝鲜、俄罗斯、蒙古国也有分布。

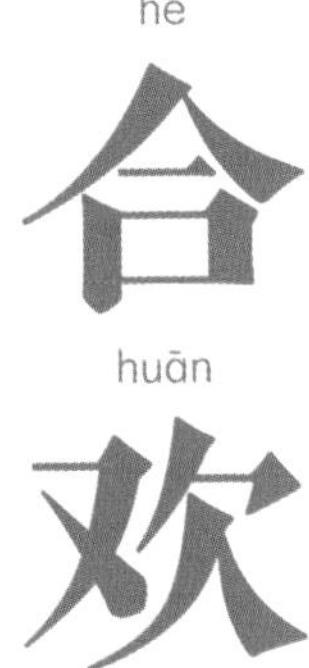

合欢

植物认知

合欢为秋季落叶，主干明显，从远处看树枝开展。小枝上有棱。叶片呈线形或长圆形，有毛。花为粉红色。花萼呈管状。花冠裂片呈三角形。花萼、花冠均有短柔毛。果实较扁形，类似扁豆的豆荚。嫩果有柔毛，老果无毛。花期为 6 月至 7 月，果期为 8 月至 10 月。

药用知识

合欢的树皮及花蕾均可入药。以树皮入药称为合欢皮，其味甘，性平，具有解郁安神、活血消肿的作用。以花序或花蕾入药称为合欢花，其味甘，性平，具有解郁安神的作用。

何处觅踪

产于我国东北至华南及西南部各地。非洲、中亚至东亚均有分布，北美亦有栽培。

植物认知

柽柳有的主干明显，有的不明显。老枝直立，为暗褐红色，光亮；幼枝展开下垂，为红紫色或暗紫红色，有光泽；嫩枝繁密纤细，悬垂。叶片是鲜绿色的，薄而半透明，呈长圆状披针形或长卵形。每年开花两三次。春季开花时：苞片呈线状长圆形；花瓣为粉红色，通常呈卵状椭圆形或椭圆状倒卵形。夏、秋季开花时：花萼呈三角状卵形；苞片为绿色，比春季花的苞片狭细；花瓣为粉红色，略向外斜。果实呈圆锥形。花期为 4 月至 9 月。

药用知识

以嫩枝叶入药称为柽柳，其味甘、咸，性平，具有疏风、解表、利尿、解毒的作用。

何处觅踪

野生于辽宁、河北、河南、山东、江苏北部、安徽北部等地区。栽培于我国东部至西南部各地。喜生于河流冲积平原、海滨、滩头、潮湿盐碱地和沙荒地。日本、美国也有栽培。

植物认知

酸橙主干明显，枝叶密茂，刺多。叶片颜色浓绿，质地厚，呈卵状长圆形或椭圆形。花蕾呈椭圆形或近圆球形，大小不等。果实呈圆球形或扁圆形。果皮厚，较难剥离，为橙黄至朱红色。果肉味酸，有时有苦味。种子多且大。花期在 4 月至 5 月，果期在 9 月至 12 月。

药用知识

以酸橙的幼果入药称为枳实，其味苦、辛、酸，性温，具有破气消积、化痰散痞的作用。孕妇慎用。

何处觅踪

秦岭南坡以南各地，通常栽种。

枸橘

gōu jú

植物认知

枸橘为常绿植物，有的主干明显，有的不明显。茎枝有粗大的棘刺。幼枝光滑无毛，为青绿色；老枝浑圆。叶片呈椭圆形至倒卵形，叶片较小，边缘有波形锯齿。花通常比叶先开放。萼片呈卵状三角形。花瓣是白色的，呈长椭圆状倒卵形。果实呈圆球形，成熟时为黄色，有芳香。花期为 4 月至 5 月，果期为 9 月至 10 月。

药用知识

以未成熟果实入药称为绿衣枳壳，其味辛、苦，性温，具有疏肝、和胃、理气、止痛的作用。

何处觅踪

各地多栽培作绿篱。全国大部分地区有分布。产于江苏、浙江、四川、江西、福建、广东、广西等地。

木部

223